아들과의 대화법

성교육 전문가 손경이 박사의 관계교육 51가지

아들과의 대화법

초판 1쇄 발행 · 2021년 3월 5일
초판 3쇄 발행 · 2021년 7월 20일

지은이 · 손경이
발행인 · 이종원
발행처 · (주)도서출판 길벗
출판사 등록일 · 1990년 12월 24일
주소 · 서울시 마포구 월드컵로 10길 56(서교동)
대표 전화 · 02)332-0931 | 팩스 · 02)323-0586
홈페이지 · www.gilbut.co.kr | 이메일 · gilbut@gilbut.co.kr

기획 및 책임편집 · 최준란(chran71@gilbut.co.kr) | 제작 · 이준호, 손일순, 이진혁 | 영업마케팅 · 진창섭, 강요한
웹마케팅 · 조승모, 황승호 | 영업관리 · 김명자, 심선숙, 정경화 | 독자지원 · 송혜란, 윤정아

디자인 · 어나더페이퍼 | 편집 진행 및 교정 · 심은정
CTP 출력 및 인쇄 · 두경m&p | 제본 · 경문제책

ISBN 979-11-6521-481-4 03590
(길벗 도서번호 050155)

독자의 1초를 아껴주는 정성 길벗출판사
길벗 | IT실용서, IT/일반 수험서, IT전문서, 경제실용서, 취미실용서, 자녀교육서
더퀘스트 | 인문교양서, 비즈니스서
길벗이지톡 | 어학단행본, 어학수험서
길벗스쿨 | 국어학습서, 수학학습서, 유아학습서, 어학학습서, 어린이교양서, 교과서

성교육 전문가 손경이 박사의 관계교육 51가지

아들과의 대화법

손경이 지음

완벽한 엄마가 될 수 없다면 대화하는 엄마가 되세요

길벗

아들과 친구가 되고 싶어
부단히 노력하는 엄마 아빠들에게

독자 여러분, 코로나19로 힘든 시기 잘 보내고 계시는지요? 반갑습니다. 관계교육연구소 대표 손경이입니다.

저는 결혼하고 아들을 낳으면서 고민을 많이 했습니다. 가부장적인 아버지 밑에서 남성우월주의, 남아선호사상에 힘들어하며 자란 큰딸이기 때문입니다. 제 아들을 조금이라도 더 나은 인간으로, 엄마는 물론이고 다른 사람의 마음을 살필 줄 아는 성인으로, 더불어 남편보다 더 친한 친구로, 딸보다 더 관계가 좋은 아들로 만들고 싶었습니다. 아들을 사랑하고 신뢰하기에, 아들과 오래오래 즐거운 대화를 나누고 싶기에 아들과 평등한 관계를 이루고 싶은 마음이 컸습니다.

하지만 아들과 잘 지내는 법을 부모님에게 배우지 못한 데다, 아들은 저와는 참 다른 존재인 어린 남성이다 보니 처음에는 막막했습니다. 저는 대화에서 그 열쇠를 찾았습니다. 부모교육과 자녀교육을 열심히 공부하면서 그중에서도 특히 대화를 중점적으로 배웠습니다. 하나씩 실천하며 성공과 실패를 반복했고, 그러면서 아들의 성향과 저의 가치관을 잘 알게 되었습니다. '아들과의 대화는 이래야 한다'는 나름의 원칙도 세울 수 있었습니다.

꾸준히 노력하다 보니 어느 순간부터 저와 아들의 관계가 다른 분들의 눈에 특이하면서도 좋아 보였나 봅니다. 유튜브를 보신 분들이 어떻게 아들과 성토크까지 자연스럽게 할 수 있냐고 질문들을 하시는데, 이게 다 일상 대화의 힘 덕분이었습니다. 일상의 대화가 먼저 되었기에 서로 편하게 성토크를 할 수 있었습니다. 그래서 '51세기형 엄마와 아들'이라는 말도 들었지요. 좋은 반응을 얻다 보니 용기를 얻어 이렇게 아들과의 대화법을 담은 책도 출간하게 되었습니다.

일상생활의 수많은 관계 중 가장 기초가 되는 것이 부모와 자녀의 관계입니다. 아들과 좋은 관계를 맺는 것은 많은 아들 엄마들의 소원입니다. 특히 성평등이 사회적 화두로 떠오르면서 시대 흐름에 맞추어 아들을 잘 키우고 싶은 엄마가 많을 것입니다.

하지만 지금도 아들 엄마들은 아들 때문에 속상해하며 '내가 비정상인가, 아니면 우리 아들이 비정상인가?'라고 고민하십니다. 서로 다른 성을 지녔기에 엄마와 아들의 관계는 힘이 듭니다.

관계를 악화시키는 원인 중 대화의 부족이 큰 비율을 차지합니다. 아들이 클수록 대화가 줄고, 그만큼 함께하는 시간이나 추억도 줄면서 엄마와 아들은 데면데면한 관계가 되어 버립니다.

이렇게 아들과의 대화가 줄어들지 않게 하는 방법들, 대화를 통해 아들과 심리적·물리적 거리가 가까워지도록 하는 방법들을 이 책에 담았습니다. 저와 아들이 실제 경험했던 일들과 제가 상담사로 활동하면서 만난 아이들의 사례도 동의를 받고 실었습니다.

제 아들의 나이가 벌써 스물여섯 살입니다. 그 시간 동안 저와 아들이 함께했던 대화의 노력들을 여러분과 나누고 싶습니다. 여러분에게 조금이라도 도움이 되길 바라는 마음입니다. 여러분의 아들이 지금 몇 살이든 아직 늦지 않았습니다. 엄마의 정성과 진심, 노력, 신뢰는 배반하지 않을 것이라 믿습니다. 저 역시 힘든 순간에도 그런 믿음을 잃지 않았습니다.

우리, 한번 노력해 봅시다. 우리 아들들을 위해, 아들과 세대 차이와 성별 차이를 줄이기 위해 지금부터 아들과의 대화법을 배워야 합니다. 인내를 잃지 않고 천 번이고 만 번이고 아들과 대화를 합시다. 그러다 보면 어느새 여러분의 아들이 친구 같은 아들, 엄마 편이 되는 아들로 자랄 것입니다. 엄마와 잘 지내기 위해 적극적으로 노력하는 아들이 되어 있을 것입니다.

아들들은 자라서 누군가의 반려자가 되고 누군가의 아빠가 됩니다. 그러니 지금 우리가 아들과의 관계를 위해 노력한 만큼 아들의 미래, 우리 모두의 미래가 더 행복해지겠지요.

제가 어느 날 아들에게 "엄마 정도면 아들보다 나은 엄마지?"라고 하니 아들이 이렇게 대답하더군요. "나는 엄마와 대화하면서 세상의 가치를 잘 배운 덕분에 엄마보다 나은 아들이 되었다고 말하고 싶은데. 아들이 엄마보다 나아야 세상이 계속 변하고 더 아름다워지지 않을까?"

이 책을 읽을 아들 엄마들, 남자아이를 키우는 양육자분들, 미래에 훌륭한 남성으로 자라날 우리 아들들 모두에게 응원을 보냅니다. 그리고 이 책을 함께 쓴 것이나 다름없는 제 아들에게 이 말을 전하고 싶습니다.

"엄마를 존경한다고 말해 준 아들, 기꺼이 엄마의 성으로 바꿔 준 아들, 우리 함께 오랫동안 행복하고 즐겁게 살자꾸나. 사랑한다! 그리고 잘 부탁한다, 상민아!"

2021년 3월
아들 손상민의 엄마 손경이

어머니는 모든 역할을
대화를 통해 해내셨습니다

이 책을 읽다 보면 아시겠지만, 저는 훌륭한 사람이 전혀 아닙니다. 지금도 잘못과 실수를 반복하며 살아가는, 여전히 어린아이 같은 때도 많은 사람입니다. 하지만 오히려 그렇기에 저희 어머니가 쓰신 이 책을 자신 있게 추천드릴 수 있습니다.

제가 태어날 때부터 좋은 성품과 인격을 가지고 있었다면 어머니가 이렇게 아들 교육에 뛰어난 분인지 몰랐을 것입니다. 저는 어릴 때 거짓말도 많이 하고, 꼼꼼하지도 사려 깊지도 못한 아이였습니다. 어머니가 아들인 저 때문에 고민을 하다 아들교육을 공부한 것만 보아도 저는 그리 좋은 아들이 아니었다고 자신

있게 말할 수 있습니다.

그랬던 제가 성장할 수 있었던 것은 휘청거리고 넘어지는 아이를 옆에서 받쳐 주는 사람, 실패를 마주했을 때 좌절하고 멈춰선 아이를 일으켜 주는 사람, 아이 스스로 어떤 고민이든 털어놓고 이야기할 수 있는 사람 덕분이었습니다. 바로 저희 어머니입니다. 그 모든 역할을 어머니는 대화를 통해 해내셨습니다.

이 책에는 저와 어머니의 다양한 에피소드가 담겨 있습니다. 특히 어머니가 제 몸의 변화를 축하하기 위해 준비했던 존중파티를 눈여겨봐 주셨으면 좋겠습니다. 어머니가 저의 2차 성징을 축하해 주셨듯이, 저도 어머니의 완경을 맞아 파티를 열어 축하해 드렸습니다. 이 일은 저와 어머니의 관계에서 가장 큰 이벤트가 아니었을까 합니다.

좋지 않은 부모를 묘사하는 표현들로 흔히 '보수적' '강압적' '방임적' '맹목적'이라는 단어들이 있습니다. 제 어머니가 이런 단어와 아예 어울리지 않는 분이었던 것은 아닙니다. 손경이라는 한 사람이 마냥 완벽하기만 한 어머니일 수는 없다고 생각합니다. 하지만 이것만큼은 장담할 수 있습니다. 적어도 제 어머니는 저와 대화를 할 줄 아셨습니다. 그런 어머니에게서 자랐기에 저 역시 어머니와 대화를 할 줄 아는 아들로 자랐습니다.

엄마와 아들이 서로 존중하며 대화를 나눌 수 있는 관계, 이것

아들과의 대화법

만으로도 해결할 수 있는 문제가 정말 많다고 생각합니다. 더구나 아들이 어릴 때는 엄마와의 진솔한 대화가 미치는 긍정적인 영향이 정말 크리라 생각합니다. 제 자신이 그것을 경험했으니까요. 서로 존중하는 재미 없이 어머니와의 관계가 이어졌다면 저는 성장하며 큰 어려움을 겪었을 것입니다.

저와 어머니의 관계가 무조건 정답이라 할 수는 없겠지만, 여러분이 이 책을 읽으며 저와 어머니의 대화법을 들여다보면 큰 변화가 있을 것이라 믿습니다. 아들과의 대화에 대해, 아들을 키우는 방법에 대해 고민해 보아야 할 중요한 지점들을 만나실 수 있습니다. 저와 어머니 사이에 그저 좋았던 일들만 있었던 것은 아닙니다. 나쁜 일, 슬픈 일도 있었습니다. 그런 일을 겪을 때마다 저와 어머니가 대화를 통해 상황을 개선해 나갔던 방법을 유심히 살펴봐 주시길 당부드립니다.

저와 어머니의 소중한 이야기들을 잘 부탁드립니다.
감사합니다.

엄마 손경이의 아들 손상민

차례

1부

우리 애 머릿속 좀 들여다보고 싶어요

- 자꾸만 엇나가는 엄마와 아들의 대화

  아들과의 추억 갤러리: 성장

2부

엄마의 말이 달라지면 아들의 마음이 열려요
- 아들과의 대화 원칙 6가지

5부

엄마의 대화가 아들의 성장을 한 뼘 더 높여요
- 초등학생 아들과의 상황별 대화법

1부

우리 애 머릿속 좀
들여다보고 싶어요

– 자꾸만 엇나가는 엄마와 아들의 대화

여자인 엄마 vs 남자인 아들

"타고난 차이보다 사회에서 길러진 차이가 더 큽니다."

아들과 대화가 안 통한다며 답답해하는 많은 엄마가 이렇게 하소연하시더군요.

"내 자식인데 왜 이렇게 나랑 다를까요?"

사실, 다른 게 지극히 당연합니다. 아무리 내 배 아파 낳아 내 품에서 키운 내 자식이라 해도 말입니다. 아이는 부모와 별개로 자신만의 생각과 개성을 가진 존재예요. 그래서 아이에게 따로 이름을 지어 준 것이 아니겠습니까. 이름을 가지고 있다는 것은 곧 고유한 존재라는 의미잖아요.

더구나 엄마와 아이 사이에는 '세대 차이'라는 넓고 깊은 강이 흐르고 있어요. 엄마 스스로는 "나는 애들 맘을 잘 알아" "나는 꼰대는 안 될 거야" 하고 자신할 수도 있습니다. 하지만 그렇다 해도 엄마는 어쩔 수 없이 기성세대입니다. 그에 반해 아이는 신세대이고요. 세상이 바뀌는 속도가 갈수록 빨라진다고 하지요. 그만큼 세대 차이는 더 벌어질 수밖에요.

아이가 사춘기를 겪는 나이에 이르면 이 세대 차이가 더욱 두드러집니다. 이전까지 아이는 주로 엄마의 말을 받아들이는 입장이에요. 하지만 사춘기가 된 아이는 더 이상 그러기를 거부합니다. 본격적으로 자기 목소리를 내 엄마를 당황시키지요.

"그건 엄마 생각이지! 내 생각은 아니잖아."

"엄마는 왜 맨날 엄마 맘대로만 하려고 해!"

그런데 이런 이유들만 고려한다면, 딸 가진 엄마든 아들 가진 엄마든 엇비슷한 정도로 답답해해야 하지 않겠어요? 하지만 현실은 그렇지 않습니다. 물론 딸 가진 엄마들도 아이와의 대화 문제로 많이들 답답해합니다만, 전체적인 경향을 보면 아들 가진 엄마들이 훨씬 더 고민하고, 훨씬 더 스트레스 받는 것이 사실이에요.

지금 이 책을 읽는 아들 엄마들은 아마도 이렇게 말씀하실 것 같아요.

"엄마는 여자인데 아들은 남자라서 그렇죠 뭐."

네, 결국 성별 차이가 이유라는 것이지요. 아예 이렇게 말씀하시는 엄마들도 있어요.

"여자와 남자는 다를 수밖에 없으니 대화가 될 리가 있나요. 뇌 구조부터 다르다는데요."

성교육 강사이자 부모교육 강사로서 저는 이 성별 차이를 다루기가 조금 조심스럽습니다. 지금까지의 역사를 보면, '여자와 남자가 다르다'가 '여자는 열등하고 남자는 우월하다'로 이어지고 나아가 '그러니까 여자를 차별하고 남자를 우대하는 것이 당연하다'라는 논리로 귀결되곤 했으니까요. 요즘은 이런 논리가 과거보다는 덜해졌다지만 여전히 큰 힘을 발휘하는 것은 부정할 수 없지요.

하지만 성별 차이에 대해 최근 들어 논란의 여지가 많아지고 있어요. 성별 차이가 실제보다 과장되었다는 주장이 나오고 있거든요. 과학계에서는 여성 과학자들의 존재감이 커지면서 성별 차이를 강조한 과거의 연구가 왜곡되었음을 밝히는 새로운 연구도 속속 나온답니다.

그렇다 보니 저도 종종 "그래서 손경이 선생님은 성별 차이에 대해 어떤 입장이신가요? 타고난 성별 차이는 없다고 생각하시나요?"라는 질문을 받기도 합니다. 제 입장을 말씀드리자면, 저는 타고난 성별 차이가 아예 없다고 부정하지는 않아요. 개개인

아들과의 대화법

마다 성향이 다를 수는 있지만 대체적으로 여성이 좀 더 많이 타고나는 특성, 남성이 좀 더 많이 타고나는 특성이라 할 만한 것들이 분명히 존재한다고 생각해요.

다만 저는 타고난 성별 차이보다 후천적인 성별 차이가 훨씬 더 크다고 봅니다. 즉 딸은 원래보다 훨씬 더 '여성적'이 되도록, 아들은 원래보다 훨씬 더 '남성적'이 되도록 길러진다는 거예요. 넓게는 시대적·문화적 차이라고 말씀드리고 싶어요.

우리나라는 '여성은 이래야 하고 남성은 저래야 한다'는 식의 기준이 특히나 강하잖아요. 여러분도 자라면서 "넌 여자애가 무슨…" 하는 말을 한 번쯤은 들어 보셨을 겁니다. 그렇다 보니 딸과 아들은 서로 너무 다른 특성을 가진 인간으로 성장하게 됩니다.

아무리 엄마가 키운 아들이라 해도 아들은 외부 사람이나 미디어 등과 소통하며 소위 남성다움을 습득해 나갑니다. 많은 경우, 엄마 자신도 아들에게 소위 남성다움을 가르칩니다. 혹시 이런 식의 말을 아들에게 하지는 않으셨나요?

"남자답게 씩씩하게 해야지."

"뗙! 남자가 그러는 거 아니야."

이렇게 대놓고 말하지는 않았다 하더라도 '남자애라 이런가' 하는 무의식적인 생각이 영향을 미쳤을 수도 있어요. 엄마가 말을 꺼내지 않더라도 아이들은 귀신같이 알아채곤 하니까요.

그래서 제가 많은 아들 엄마들께 드리고 싶은 말씀은 이거랍니다. 성별 차이로 인해 엄마와 아들이 서로 무척 다를 수 있다는 점은 인정하되, 그 성별 차이는 사회적으로 만들어지고 강조된 부분이 크다는 점을 인식하자는 겁니다. 그래야 '에휴, 아들이랑은 애초에 대화가 안 통하는 게 당연한 거지. 타고난 게 저러니 뭐 어쩌겠어' 하고 지레 포기하지 않게 되거든요.

오히려 이렇게 생각해 주시면 좋겠어요. '우리 아들이 남성적이 되어야 한다는 사회적 압박을 받고 있으니 나는 여자인 엄마와 남자인 아들의 관계가 아닌 사람 대 사람으로 아들과 대화를 해야겠다'라고 말이지요.

저는 이런 상황을 한쪽으로 구부러진 막대기에 비유합니다. 구부러진 막대기를 똑바로 세우려면 어떻게 해야 하지요? 반대 방향으로 구부려야 해요. 아들과의 대화는 그런 역할을 해 주어야 합니다.

여러분은 단지 '아이'와의 대화가 아니라 '아들'과의 대화를 위해 이 책을 펼친 분들이기에 이 점을 먼저 짚어 드립니다.

아들과의 대화법

목소리가 커지는 엄마 vs 입을 다무는 아들

"감정에 휩싸이지 말고 내 문제인지 아들의 문제인지 나누세요."

"하루에 몇 번이나 '참을 인' 자를 속으로 새기는지 모르겠어요."

엄마는 도무지 말을 듣지 않는 아들을 보며 화를 꾹꾹 눌러 담습니다. 하지만 계속 참는 게 그리 쉽지 않지요. 결국 버럭 하고 목소리가 올라가고 맙니다.

그렇게 해서 속이라도 시원하면 좋으련만, 그럴 리가 있나요. '애한테 소리를 지르다니 나는 엄마가 되어가지고 왜 이러는 걸까' 하고 스스로를 책망하다가, '우리 애가 조금만 엄마 말을 들어주었으면 내가 이렇게까지는 안 할 텐데' 하고 아이를 원망하다가, 하루가 멀다 하고 끊임없이 아이와 실랑이하고 있는 현실 자체를 괴로워하다가… 온갖 감정에 휩싸이고 맙니다.

아들을 키우기 전만 해도 어떤 상황에서든 목소리를 높이는 법 없이 조곤조곤 차분하게 말하곤 했는데, 아들을 키우면서 자신도 모르게 목소리가 커졌다는 엄마들이 많습니다. 심지어 말투까지 거칠어졌다고 합니다. 한 번 말해서는 절대 듣지를 않고 두 번 세 번 말해도 듣는 둥 마는 둥, 그러니 결국은 습관적으로 목소리가 커질 수밖에 없었다는 겁니다.

엄마가 버럭 하면 아이는 당장은 눈치를 살살 보면서 엄마의 지시를 따릅니다. 그렇다고 아이가 '아, 엄마 말을 잘 들어야겠구나'라고 생각하는 것은 아닙니다. '엄마가 단단히 화가 난 것 같으니까 일단 이 순간을 모면해야 해'라는 심리이지요. 그러니 비슷한 상황이 다시 오면 예전의 행동을 반복하게 되고 엄마는 또 버럭 하는 악순환이 도돌이표처럼 반복됩니다.

그나마 엄마가 버럭 할 때 듣기라도 하면 다행이게요. 아이의 머리가 조금 굵어지면 엄마의 버럭에 맞서기 시작합니다. 같이 목소리를 높이지요.

"아, 왜 또 난리야! 왜 또 그러는데!"

"엄만 뭐 그런 걸 가지고 그래!"

엄마도 목소리를 높이고 아이도 목소리를 높이니 결국 말싸움으로 번지고 맙니다.

"아들이 사춘기가 되니까 맨날 싸우게 돼요. 집안이 하루도 안 시끄러운 날이 없어요."

이런 엄마들에게 저는 "속상하시죠? 그래도 아이가 엄마와 말싸움을 한다는 건 최악의 상황은 아니라는 의미니까 안심하세요" 하고 위로해 드립니다.

그럼 최악의 상황은 무엇이냐고요? 바로 아이가 입을 다물어 버리는 것입니다. 많은 아들이 어느 순간부터 엄마의 버럭에 무반응으로 대응하기 시작합니다. 이것은 엄마를 대화의 상대로 인식하지 않는 것과 같습니다.

한 사람이 입으로 내는 소리는 듣는 사람에 따라 '말'이 되기도 하고 '소음'이 되기도 합니다. 가까운 친구와 동료가 앞에서 무언가를 이야기할 때 우리는 그 사람의 소리를 귀 기울여 듣습니다. '말'로 인식하는 것이지요. 하지만 지하철이나 버스 안에서 곁에 서 있는 사람이 무언가를 이야기할 때는 어떤가요? 우리는 그 사람의 소리를 차 소리와 한데 뒤섞어 아무 의미 없이 흘려 버립니다. '소음'으로 인식하는 것입니다. 그래서 우리는 내 말을 전혀 귀담아듣지 않는 상대에게 "내 말이 말 같지 않아?" 하고 따지곤 하잖아요.

엄마에게 입을 다물어 버린 아이는 '엄마 말이 말 같지 않은' 단계에 이른 셈입니다. 엄마가 무어라 하든 '말'이 아닌 '소음'으로 여겨지는 단계입니다. 엄마와 아이 사이에 대화가 단절되었다는 크나큰 위험신호입니다.

아이가 엄마와 말싸움을 한다는 것은 그래도 아직은 엄마를 대화의 상대로 여기는 것입니다. 그러니까 "엄마, 나는 엄마 말이 소음으로 들리는 게 싫어요. 나는 엄마와 대화를 하고 싶어요"라는 일종의 구조 요청이자 경고음으로 이해해 주셔야 합니다.

저는 지금 여러분에게 아들에게 절대 소리를 높이지 말라고 요구하려는 것이 아니에요. 어떤 상황에서든 아들에게 화를 꾹 참으라고 요구하는 것도 아니고요. 그런 요구를 하는 것은 엄마에게 성인군자가 되라는 것이나 마찬가지잖아요. 그건 현실적으로 불가능합니다. 다만, 아이에게 소리를 높일 때 높이더라도, 아이와 말싸움을 할 때 하더라도 그것이 대화의 연장선이 되도록 해 주세요.

부부 사이에 잘 싸워야 잘 산다는 말, 한 번쯤 들어 보셨을 겁니다. 무조건 참고 삭이는 부부보다 잘 싸우는 부부가 더 행복한 결혼 생활을 누린다는 말인데요. 여기서 잘 싸운다는 것은 자주 싸운다가 아니라 현명하게 싸운다는 의미지요. 서로의 마음에 상처를 내는 싸움은 피하고 더 깊이 이해하는 싸움이 되도록 해야 합니다.

이는 엄마와 아들 사이에도 그대로 적용됩니다. 싸울 일이 있으면 싸우되, 잘 싸우면 됩니다. 원래 소리 높여 말다툼할 때 본심이 튀어나오는 법입니다. 말싸움을 통해 엄마가 아이에게 엄마의 진심을 전하고, 아이의 진심도 알아주면 됩니다. 그러기 위해 말싸움을 대화로 이끄는 엄마의 지혜가 필요합니다.

만약 이미 아이가 입을 다물어 버린 상태라면 대화 자체를 복원해야 합니다. 대화가 전제되지 않는 관계는 존재할 수 없으니까요. 단순히 '요 시기만 지나면 괜찮아지겠지' 하고 넘어간다면 아이에게도 엄마에게도 더 큰 상처로 돌아올 수 있습니다.

고백하자면, 이 책을 쓰고 있는 저도 아들에게 참 많이 버럭했고 참 많이 말싸움을 벌였습니다. 심지어 아들이 성인이 된 지금도 종종 싸우는 걸요. 물론 예전과 많이 달라진 점은 있지요. 지금은 말싸움이 시작되더라도 지나치게 감정에 휩싸이지 않고 내 문제인지 아들의 문제인지를 나눈 후 서로 상황을 객관적으로 보며 대화를 나눕니다. 그러니 말싸움이 길어지지 않고 금방 화해하곤 합니다.

"나 목소리가 왜 이렇게 높아지지? 네가 아까 한 말 때문에 엄마가 섭섭해서 이러는 것 같아."

"그래? 나는 잘 기억도 안 나는데. 그 말에 그렇게 마음이 상했어?"

"그 순간에는 그냥 넘겼는데 아무래도 그냥 넘길 게 아니었나 봐. 자꾸 생각이 나네."

"내가 사과할게, 엄마. 앞으로도 주의할게. 내가 또 실수하면 너무 목소리 높이지 말고 얘기해 줘."

"그래, 알았다. 엄마도 사과할게. 엄마도 실수할 수 있으니까 네가 엄마를 도와주면 좋겠어."

아들이 어렸을 때부터 자주 싸워서 서로의 욕구를 알기 위해 노력한 덕분이지요. 그랬기에 아들과의 대화법을 익힐 수 있었고, 이렇게 여러분에게 조언을 드리게 된 것이 아닐까 싶습니다.

03

아들 눈치 보는 엄마 vs 엄마 무시하는 아들

"마음을 열고 대화할 수 있는 상대라는 관계인식을 심어 주세요."

"대체 무슨 생각을 하는지도 모르겠는데 성질은 또 있는 대로 부리니…. 아주, 지가 제일 상전이죠."

아주 오래전부터 우리나라 여성들에게 '시집살이'란 두려움 그 자체였지요. 지금은 시집과 따로 떨어져 사는 경우가 많고 사회 분위기도 바뀌어 예전보다는 덜하다지만 그래도 시집살이라는 단어는 여성들에게 본능적인 공포를 불러일으킵니다. 그런데 요즘은 '아들살이가 시집살이보다 더하다'라는 우스갯소리도 있다지요. 피식 웃다가도 아들 가진 엄마들이 얼마나 고되면 그런 신조어가 다 생겼을까 하는 생각에 마음이 짠해집니다.

이 우스갯소리의 배경에는 엄마와 아들의 관계 역전이 있습니다. 한마디로, 아들은 마치 엄마의 윗사람이라도 되는 양 행동하고 엄마는 그런 아들의 눈치를 설설 보면서 어려워하는 것입니다.

아들이 어릴 때는 아무리 힘들다 해도 엄마가 아들을 제어하는 것이 가능합니다. 엄마가 소리를 높이면 당장은 듣는 시늉이라도 하지요. 그래도 말을 안 들으면 엄마가 힘으로 제압할 수도 있고요. 물론 이게 체벌을 의미하지는 않아요. 아이를 꽉 붙잡아 행동을 멈추게 한다든지 다른 곳으로 이동하게 하는 것을 말합니다.(저는 체벌을 훈육의 수단으로 여기지 않습니다. 체벌은 대화일 수 없습니다.)

하지만 바로 앞에서도 이야기했듯이, 아이가 어느 정도 이상 크면 엄마가 소리를 높여 봤자 말싸움으로 번지기 십상이지요. 엄마가 힘으로 제압한다는 것은 아예 불가능한 일이 되고요. 도리어 아이는 더 짜증을 냅니다. 엄마가 자기 또래 문화를 모른다고 무시하고, 엄마의 사소한 잘못을 귀신같이 찾아내서 탓하기도 합니다.

"엄마가 뭘 안다고 그래. 아무것도 모르면서."

"엄마 때문에 다 망쳤잖아. 다 엄마 때문이야."

그런 아이 앞에서 더 소리 지르는 엄마들이 있는 한편, 반대

　　　　　　　　아들과의 대화법

로 절절매며 말을 줄이는 엄마들도 많습니다. 절절매는 엄마들의 경우, 아이의 행동이 못마땅하면서도 차마 대놓고 지적하거나 혼내지를 못합니다. 엄마가 아이의 눈치를 보니 집안 분위기가 그때그때 아이의 기분에 따라 좌지우지됩니다.

엄마는 왜 이토록 아들을 어려워할까요? 엄마가 가진 몇 가지 심리를 이유로 꼽을 수 있어요.

한 가지 심리는, '애가 욱해서 폭주하면 어떡하나'입니다. 아이가 엄마에게 화를 내다가 스스로 감정을 주체 못 한 나머지 이웃집까지 들릴 정도로 고래고래 소리를 지른다거나, 물건을 던져 부순다거나, 학원을 빠진다거나 등등의 거친 행동을 보일까봐 걱정하는 것입니다.

또 한 가지 심리는, '지금 애랑 틀어져 버렸다가 완전히 멀어지면 어떡하나'입니다. 아이가 엄마에게 마음을 닫고 사춘기 이후에도 영영 멀어질까 봐 겁이 나는 것입니다.

저는 우리나라의 뿌리 깊은 남성중심주의도 엄마의 심리에 영향을 끼친다고 생각합니다. 어릴 적 아버지의 결정이 무엇보다 중요했고, 똑같은 자식임에도 오빠나 남동생이 우선시되었던 가정에서 성장한 엄마들이 많을 겁니다. 비록 그런 상황에 반발했고 '나는 안 그럴 거야'라고 다짐했더라도 그때의 경험이 마음속 깊은 곳에 남아 암암리에 '아들은 더 조심해서 대해야 하는 존재다'라는 무의식이 언뜻언뜻 드러날 수 있습니다.

그런가 하면 아들에게는 서열을 정하려는 무의식이 있습니다. 집단 안에서 남자들은 서열을 확인하고 위쪽에 서고자 하는 반면, 여자들은 서열보다 관계를 다지는 데 더 신경을 쓰는 경향이 있다고 하지요. 아들의 이러한 무의식은 가족 안에서도 발휘됩니다. 특히나 사춘기 때 가족 안에서 자신의 서열을 확인하고, 더 위로 올리고 싶어 합니다.

이때 아들이 가장 만만하게 여기는 대상은 엄마가 되기 십상입니다. 평소에 아빠보다 엄마와 친밀하기 때문인 것도 있고, 남자로서 여자보다는 서열이 높아야 한다는 은근한 우월의식 때문인 것도 있습니다. 그래서 아들은 엄마를 무시하고 엄마를 탓함으로써 엄마보다 서열을 높이려 합니다. 이쯤 되면 아들이 상전이라는 말이 단순한 비유나 과장이 아니라 팩트가 되고 맙니다. 하지만 엄마를 만만하게 여기면 추후 여동생, 여자 친구까지에게도 영향을 미칠 수 있습니다.

다시 말씀드리지만, 아들이 대놓고 이렇게 한다기보다는 무의식의 발로입니다. 그러니 '엄마인 나한테 어떻게…' 하고 배신감을 느끼실 것이 아니라 아들의 무의식에까지 현명하게 대처해야 합니다. 물론 저는 가장 현명한 대처법이 바로 대화라고 생각합니다.

　　　　　　　　　　　　　　　　아들과의 대화법

저 역시 아들의 눈치를 본 적이 있기에 엄마들의 마음이 더욱 공감 갑니다. 저의 해결 방법도 역시 대화였습니다.

"엄마가 요즘 왜 이렇게 네 눈치를 볼까?"

"엄마가 내 눈치를 본다고? 그게 무슨 말이야?"

"네가 엄마한테 성질을 내잖아. 그럼 엄마는 네 눈치를 볼 수밖에 없지."

"내가 성질을 냈다고?"

아이에게 제 고민을 솔직하게 말했더니 아이도 귀 기울여 들어주더군요. 자신의 행동을 돌아보기도 하고요. 엄마가 아들의 상전이 아니듯, 아들도 엄마의 상전이 되어서는 안 됩니다. 엄마는 아들에게 '엄마는 너와 서열을 따지는 상대가 아니라 마음을 열고 대화할 수 있는 상대다'라는 관계인식을 심어 주어야 합니다.

04

공부 앞에서 애타는 엄마 vs 태평한 아들

"대화의 최우선 목적은 언제나 관계 그 자체여야 합니다."

"제발 공부 좀 해라, 제발 숙제부터 먼저 하고 게임을 해라…. 맨날 이런 소리를 하다가 지쳐요."

갓 태어난 아이 얼굴을 들여다보며 엄마는 그저 건강하게만 자라기를 희망합니다. 하지만 시간이 흘러 학부모의 입장이 되면 아이의 성적과 진학을 고민하지 않을 수가 없지요. 주변에서는 "지금 나이면 선행을 시작해야지" "엄마가 먼저 움직여야 애가 공부 습관이 잡히는데" 하며 한마디씩 보태 엄마 마음을 더욱 심란하게 합니다.

엄마도 학생으로서, 수험생으로서 고생한 경험이 있기에 아이에게 공부가 쉽지 않은 일임을 잘 압니다. 아이에게 공부하라는 말을 꺼내기가 그리 맘 편하지는 않지요. 그러니 엄마가 말을 꺼내기 전에 아이가 알아서 열심히 공부해 주기를 바랍니다.

하지만 아이는 엄마 마음도 몰라주고 태평하기만 합니다. 공부하는 시늉이라도 한다면 성적이 잘 안 나와도 안쓰럽게 여길 텐데, 생각이 있는 건지 없는 건지 스마트폰과 게임만 붙잡고 있습니다. 그래 놓고는 도리어 성을 냅니다.

"이것만 쫌 하고 공부 시작할 거야."

"공부할 만큼 했단 말이야. 머리 식히고 있는 거라니까."

아예 대놓고 "나 자퇴할 거야, 유학 보내 줘요" "난 공부 안 해, 대학도 안 갈 거야" 하고 선언하는 아이도 있습니다. 엄마 속을 완전히 뒤집어 놓는 말들이지요.

그렇다고 아이를 내버려 두자니 경쟁이 심한 이 사회에서 뒤처져 낙오자가 될까 걱정됩니다. 훗날 아이가 "엄마는 내가 이렇게 되도록 신경 안 쓰고 뭐했어?" 하고 원망할 것만 같습니다. 결국 오늘도 엄마는 "공부하라"는 잔소리를 입에 올리고 맙니다.

아이의 공부 문제로 애를 태우는 것은 대한민국 엄마라면 어쩔 수 없는 숙명인가 하는 생각마저 듭니다. 공부만 아니라면 대한민국에서 엄마와 아이 사이의 갈등이 절반으로 뚝 줄어들지도 모르겠습니다.

사실 요즘은 아들이라고 공부를 더 시키고 딸이라고 공부를 안 시키는 시대도 아니건만 왜 아들 엄마들이 공부 문제로 더 힘들어할까요? 현재 우리나라의 학교 시스템이 여학생들에게 조금 더 유리하게 되어 있다는 분석이 있습니다.

평소 지속적으로 교과 과정을 따라가야, 한마디로 딴 데 한눈팔지 않고 오랫동안 '엉덩이 붙이고' 공부할 줄 알아야 점수가 잘 나오는데, 이런 면에서 남학생들이 불리하다고 합니다. 실제로 학업 성취도 평가를 보면 여학생들의 평균 성적이 남학생들보다 높습니다. 그래서 아들 엄마들 중에는 남녀공학보다 남학교를 선호하는 분들이 있다고 하지요.

목표지향적인 성향도 영향을 미칩니다. 아들들은 목표지향적인 성향이 강한 경우가 많은데요. 이런 아이들은 한번 목표를 정하면 열심히 하지만, 공부 목표를 스스로 찾지 못하면 통 공부하려 들지 않습니다. 아무리 엄마가 미래를 위해서는 공부가 필수라고 강조해도 스스로 납득하기 전에는 꿈쩍도 안 합니다.

우선, 저는 '공부 때문에 아들과 갈등'이라는 엄마에게 이 질문을 드리고 싶습니다. 엄마로서 아이를 키우는 궁극적인 이유가 무엇일까요?

아이를 명문대에 진학시키기 위해서? 아이를 전문직 종사자로 만들기 위해서? 이런 이유들은 아닐 겁니다. 진짜 이유는 다름 아닌 '엄마와 아이가 모두 행복하기 위해서'겠지요.

엄마와 아이가 모두 행복하기 위한 가장 핵심적인 방법은 엄마와 아이가 사이좋은 관계를 지속하는 것입니다. 엄마가 아이를 들들 볶아 성적이 오른다 한들, 그 과정에서 아이가 상처를 입고 엄마와 사이가 틀어지고 만다면 그것은 주객전도가 아닐까요?

아이의 성적은 어떠하든 간에 외면하고 공부로 인한 갈등을 피하라는 말이 결코 아닙니다. 공부에 대해 엄마와 아들이 대화를 해야 합니다. "공부 좀 해"라는 엄마의 일방적인 말은 대화가 아닙니다. 아이가 무엇을 하고 싶은지, 어떤 사람이 되고 싶은지, 나아가 아이에게 어떤 공부가 필요한지, 어떤 스타일의 공부법이 잘 맞는지, 자신 있는 과목은 무엇이고 보완해야 하는 과목은 무엇인지 등등 많은 대화가 오가야 합니다. 정 공부가 안 맞는다면 어떤 다른 길을 택할지도 허심탄회하게 이야기할 수 있어야 합니다. 여기에 한 가지 더하자면, 자칫 공부에만 신경 쓰다 인성 문제를 소홀히 여기지 않도록 하는 대화도 나누어야 합니다.

물론 공부에 관한 대화를 나누는 것 자체가 쉽지 않을 수 있어요. 아이에게 공부란 껄끄러운 주제니까요. "공부 얘기 좀 하자고 해도 애가 피하는 걸 어떡해요" 하고 난감해하는 엄마들이 많습니다.

제가 성교육 책에서도 강조한 것이 있어요. 아이와 어릴 때부터 꾸준히 대화를 통해 관계를 다져 놓아야 성에 관한 대화도 자연스럽게 이어질 수 있다는 것입니다. 평소 속내를 나눈 적이 별로 없던 부모가 어느 날 갑자기 성교육이 필요하니 대화하자고 하면 아이는 기겁할 수밖에 없잖아요.

공부도 마찬가지입니다. 평소 꾸준히 속 깊은 대화를 나누는 엄마가 되어야 아이와 속 깊은 공부 이야기를 할 수 있습니다. 물론 이때도 무조건 성적 향상이 대화의 목적이 되어서는 안 됩니다. 그것 또한 주객전도입니다. 그러면 아이는 엄마의 의도를 눈치 빠르게 알아차리고 마음을 닫게 됩니다. 대화의 최우선 목적은 언제나 관계 그 자체여야 한다는 것, 기억해 주세요.

05

아들 육아가 부담스러운 엄마 vs
새로운 역할이 어색한 아들

"그럴수록 마음을 열고 대화를 시작하세요."

"아들만 있다고 하면 사람들이 저를 안쓰러운 눈빛으로 봐요. 저 엄마 얼마나 힘들까, 안됐다, 그렇게 생각하는 거죠."

지금 이 책을 읽는 여러분은 십중팔구 아들을 가진 엄마이시 겠죠. 아들 때문에 한창 힘들어하는 엄마도 계시고, 아직은 마냥 귀엽기만 한 아들이지만 훗날을 미리 대비하려는 엄마도 계실 것입니다.

아들 잘 키우는 법을 다룬 책은 자녀교육서 분야에서 꾸준히 눈에 띕니다. 아들의 학습, 사춘기, 뇌 구조에 대한 책…. 그런데 딸을 잘 키우는 법을 다룬 책은요? 검색해 보면 그 수가 현저히

적습니다. 아들 엄마들이 딸 엄마들보다 유난히 독서를 사랑하는 것은 아닐 테지요. 이것은 그만큼 아들 엄마들이 아이 키우기를 더 힘들어하고 더 고민하고 더 도움을 필요로 하는 현실을 보여 줍니다.

과거에는 아들이 없는 여성은 '대를 끊어 놓은 죄인' 취급을 받았지요. 상황이 좀 나아진 다음에는 "아들은 보기만 해도 듬직해서 좋고, 딸은 키우는 재미가 있어서 좋다"라는 말이 나왔고요. 그런데 요즘은 웬걸요. '아들 둘은 목메달'이라는 유행어처럼, 아들 키우기는 딸 키우기보다 훨씬 고된 것으로 여겨집니다.

사실 아이를 키우는 과정에서 원칙적으로는 딸이라고 특별히 더 쉽다거나 아들이라고 특별히 더 어려울 리 없다고 생각해요. 하지만 아무래도 엄마에게 아들은 딸보다 조금 더 낯선 존재로 느껴질 수밖에 없어요. 모든 엄마는 딸로서 성장한 경험이 있지만, 어떤 엄마도 아들로서 성장한 경험은 없으니까요.

그렇다 보니 딸을 키우는 엄마는 '내가 어릴 때는 어땠더라? 아, 그래. 이렇게 했지' 하고 스스로를 참고할 수 있습니다. 물론 딸 역시 엄마와 다른 고유한 존재이기에 엄마의 경험을 무조건 적용해서는 안 되겠지만, 그래도 꽤 좋은 참고 대상이 있는 것은 사실이지요. 그런데 아들을 키우는 엄마는 자신의 어린 시절을 참고로 삼자니 '우리 애는 아들이니까 나랑은 다를 텐데' 하고 주

아들과의 대화법

저하게 됩니다. 그나마도 오빠나 남동생이 있었다면 좋을 텐데 외동이거나 자매만 있었다면 더 막막해집니다.

주위 사람들이 던지는 말들은 아들 엄마들을 더욱 힘들게 합니다. 외동아들을 키우는 엄마는 "엄마한테는 딸이 있어야 하는데… 둘째 낳아야겠네" 하는 오지랖의 대상이 되고, 아들만 둘 이상 키우는 엄마는 "저런, 아들 형제 키우느라 어쩐대. 목메달 감이네" 하는 안타까움의 대상이 되기 일쑤입니다.

또한 저는 엄마들이 아들 육아를 부담스러워하는 더욱 근본적인 이유로 우리 사회가 요구하는 남성상이 변했다는 사실을 꼽고 싶습니다.

과거에 이상적인 남성이란 가족을 이끌고 책임지는 가장이었습니다. 엄마에게 주어진 과제는 아들을 새로운 가장으로 키워내는 것이었고요. 하지만 이제는 시대가 달라지고 있습니다. 남성에게 요구되는 새로운 역할은 타인에 대한 존중감을 갖춘 한 명의 성숙한 인간이 되는 것이지요. 엄마들도 아들을 그런 남성으로 키우고 싶어 합니다.

하지만 아직은 과도기이다 보니 롤모델이 부족하기에 엄마들은 혼란을 겪을 수밖에 없습니다. 그 혼란이 고스란히 아들 육아에 대한 부담으로 이어지는 것입니다.

그렇다면 아들의 입장은 어떨까요? 사회가 요구하는 남성상이 변화하긴 했지만 그렇다고 기존의 남성상이 사라진 것은 결코 아니지요. 듬직한 아들이자 미래의 어엿한 가장이 되기를 바라는 사회적 시선도 아직 많이 남아 있습니다. 새로운 남성상에 대한 롤모델은 부족한 데 비해, 기존의 남성상도 예전만큼은 아니라지만 여전히 강력한 지금의 상황에서 아들은 갈팡질팡합니다. 그래서 이런 볼멘소리가 나오곤 하지요.

"요즘은 남자인 게 더 손해잖아요. 여자들 우대해 주느라 남자들이 역차별당하고 있어요."

"남자들은 의무만 있고 권리는 하나도 없는 것 같아요."

남성에게 요구되는 새로운 역할을 적극적으로 좇고 싶어 하면서도 방법을 몰라 하는 아들도 있습니다. 남성의 기득권이 약해지는 것을 억울해하며 도리어 약자에 대한 분노를 표출하는 아들도 있습니다. 이도 저도 아닌 상태로 주저하는 아들도 있습니다.

분명한 것은, 남성에게 주어진 새로운 역할은 거스를 수 없는 시대적 흐름이라는 점입니다. 과거로 돌아갈 리는 결코 없다는 것, 엄마들이 더 잘 아실 겁니다. 또한 아들이 시대가 요구하는 새로운 역할을 습득하기 위해서는 신시대 엄마의 역할이 무엇보다도 중요하다는 것 역시 잘 아실 겁니다.

아들을 키우는 엄마로서 저라고 왜 막막하고 혼란스러울 때가 없었겠습니까. 매 순간순간 그런 감정을 느꼈지요. 싱글맘이었기에 더 크게 느껴지기도 했습니다. 하지만 이 두 가지는 분명히 말씀드릴 수 있어요. 아들을 키우는 것은 힘들지만 보람 있는 일이었습니다. 그리고 아들 육아를 보람 있는 일로 만들어 준 열쇠는 관계대화였습니다.

모든 인간관계의 핵심은 대화이기에, 엄마와 아들 사이의 해답도 대화일 수밖에 없습니다. 아들이 자신과 다른 존재로 느껴져 막막한 기분이 들수록, 아들 육아의 롤모델이 부족해 방향을 잡을 수 없어 혼란스러울수록 마음을 열고 아들과 대화를 시작하세요.

아들과의 추억 갤러리
: 성장

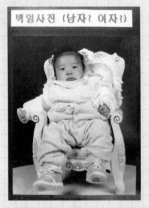 

젠더 의식 있었네.

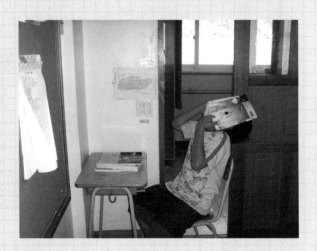

아이의 시간은 엄마에게 쏜살같이 지나갑니다.

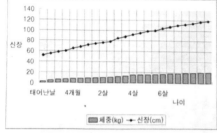

이 상 민 성 장 일 기

나이	날짜	신장(cm)	차이	체중(kg)	차이	비고
태어난날	1995년 12월 21일	52	0	2.6	0	
1개월	1996년 01월 26일	55	3	4.6	2	
2개월	1996년 02월 26일	58	3	6	1.4	
3개월	1996년 03월 20일	60	2	6.7	0.7	
4개월	1996년 04월 20일	65	5	7.6	0.9	
6개월	1996년 06월 21일	68	3	8.2	0.6	
9개월	1996년 09월 06일	72	4	9	0.8	
10개월	1996년 10월 08일	74	2	9.4	0.4	
2살	1996년 12월 21일	76	2	10	0.6	
	1997년 05월 05일	78	2	10.4	0.4	
3살	1997년 12월 12일	85	7	12	1.6	
	1998년 07월 14일	88	3	13	1	
4살	1998년 12월 08일	92	4	15.2	2.2	
	1999년 06월 15일	95	3	15.4	0.2	
5살	1999년 12월 10일	99	4	15.6	0.2	
	2000년 02월 23일	100	1	16	0.4	
6살	2000년 12월 17일	104	4	16.7	0.7	
	2001년 05월 05일	107	3	18	1.3	
	2001년 07월 30일	110	3	18.3	0.3	
7살	2001년 12월 05일	112	2	19.2	0.9	
	2002년 07월 03일	114	2	19.8	0.6	
8살	2002년 12월 10일	117	3	20.3	0.5	
	2003년 3월 13일	119	2	20.6	0.3	
가장 많이 자란 나이	3살			4살		
가장 적게 자란 나이	5살			4살		

태어난 날부터 여덟 살까지 몸의 변화

우리 아들, 언제 이렇게 컸을까요?

2부

엄마의 말이 달라지면
아들의 마음이 열려요

– 아들과의 대화 원칙 6가지

01

관계대화의 5단계 원칙

"인간관계의 단계는 0부터 5단계까지 차근차근 올라갑니다."

모든 인간관계는 친밀도에 따라 단계를 구분할 수 있습니다. 그리고 각 단계에 따라 대화의 성격이 달라집니다. 엄마와 아들 사이의 대화도 예외 없이 이 단계를 적용할 수 있죠. 저는 이를 '인간관계의 5단계'라고 부르는데요, 맨 처음의 0단계부터 맨 마지막의 5단계까지 하나하나 순서대로 설명하겠습니다.

0단계, 말이 오가지 않는 관계입니다. 친분이 없는 단계라고 할 수 있습니다. 한마디로 말해 '남남' 사이로 그저 지하철에서 옆자리에 앉은 정도의 인연이라고 할까요. 그러니 대화가 시작될 리

도 없습니다.

1단계, 말을 트는 단계입니다. 이제 막 친분을 쌓는 단계입니다. 가령 학부모 회의라든지 사내 TF팀이라든지 두 명 이상의 어떤 모임에 속하게 되면 다른 사람과 서로 통성명을 하게 되죠.

"안녕하세요. 저는 ○○라고 합니다."

"처음 뵙겠습니다. 제 이름은 △△입니다."

이런 식으로요. 이 단계에서는 '남'이 '아는 사람'으로 바뀌고 최소한의 대화가 오가게 됩니다.

2단계, 밥을 같이 먹는 단계입니다. 누군가와 좀 더 친밀해지고 싶을 때 여러분은 어떻게 하시나요?

"시간 되세요? 밥 한번 같이 먹어요."

이렇게 제안하곤 하죠. 이 말을 '저 사람이 배가 많이 고픈가 보다'라고 해석하는 사람은 없을 겁니다. '저 사람이 나와 친해지고 싶어 하나 보다'라고 해석하기 마련입니다. 사실 밥을 같이 먹자는 것은 식사를 매개로 하여 대화를 하자는 셈입니다. 밥을 먹다 보면 자연히 더 많은 대화를 하게 되고, 개인적인 주제까지도 꺼내게 되잖아요. 그러면서 '친분 있는 지인'이 됩니다.

3단계, 취미를 공유하는 단계입니다. 친분을 쌓다 보면 서로의 취미를 알게 됩니다. 국어사전은 취미를 '전문적으로 하는 것이 아니라 즐기기 위하여 하는 일'이라고 정의합니다. 즉 취미는 의무나 생계와 상관없이 한 개인의 취향, 관심사, 라이프스타일을 반영하죠. '취미는 그 사람의 개성이다'라고 표현할 수도 있습니다. 그래서 우리는 취미가 맞는 상대에게 동질감을 느낍니다. 나아가, 취미를 공유하려는 욕구를 가집니다. 등산이 취미인 사람들은 같이 산을 오르고, 드라마 보기가 취미인 사람들끼리 모여 드라마 수다 삼매경에 빠지기도 합니다. 더 많은 시간을 함께하며 더 많은 대화를 나누죠.

이쯤 되면 '지인'을 넘어 '친구'가 됩니다.

4단계, 고민을 나누는 단계입니다. 누구나 쉽사리 해결하거나 결정할 수 없는 고민을 적어도 하나쯤은 가지고 있죠. 이 고민이 드디어 없어지나 싶으면 또 다른 고민이 생깁니다. 고민에 짓눌려 끙끙댈 때 우리가 고민을 털어놓는 사람이야말로 가장 신뢰하는 사람입니다. 내 고민에 귀 기울이고 진심으로 공감해 줄 거라는, 무심히 외면하거나 함부로 판단하지 않을 거라는 확신이 있는 사람입니다. 그냥 친구가 아니라 요즘 표현으로 '절친'이죠.

5단계, 성을 이야기하는 단계입니다. 성은 개인의 가장 내밀한 부분이잖아요. 우리나라에서는 아직 공개적으로 다루기 껄끄러워하는 주제이기도 하고요. 하지만 성에 대한 궁금증이나 고민이 없는 사람은 없습니다. 그런 상황에서 '이 사람에게만큼은 성에 대한 속이야기도 솔직히 털어놓을 수 있다' 하는 사람은 '최고 절친'입니다.

인간관계의 단계는 0부터 5단계까지 차근차근 올라갑니다. 단계를 뛰어넘어 1단계에서 갑자기 4단계가 된다든지, 3단계에서 5단계가 된다든지 하는 일은 거의 일어나지 않습니다.

또한 다음 단계로 넘어가기 위해 필요한 노력도 각각 다릅니다. 0단계에서 1단계로, 1단계에서 2단계로 가는 정도는 적은 노력만으로도 충분합니다. 하지만 3단계로, 4단계로, 나아가 5단계로 가기 위해서는 많은 노력을 들여야 합니다. 여러분이 평소 '지인'이라고 생각하는 사람의 수와 '절친'이라고 생각하는 사람의 수를 비교하면 그 난도의 차이를 실감하실 수 있을 겁니다.

그러면 이 5단계를 가지고 엄마와 아이의 대화를 살펴볼까요? 우선, 아이가 태어났을 때는 1단계인 셈입니다. 아직 서로가 낯선 엄마와 아이는 서툰 대화를 시작합니다. 엄마는 아이의 옹알이를 이해하려 애쓰고, 아이는 엄마의 말을 습득하려 애쓰며 점점 대화가 트입니다.

엄마와 아이는 매일 밥을 같이 먹으며 2단계로 나아갑니다. 엄마와 아이가 서로 익숙해지고 친밀해지는 데는 함께하는 식사가 큰 역할을 합니다. 여러분도 끼니마다 아이의 밥을 챙겨 보셨으니 공감되실 거예요.

중요한 점은, 관계를 유지하는 데도 밥이 큰 역할을 한다는 것입니다. 요즘은 부모는 부모대로 돈 벌고 살림하느라 바빠서, 아이는 아이대로 초등학교 때부터 학원을 도느라 바빠서 밥을 따로 먹는 경우가 많아요. 이것은 관계 유지의 중요한 시간을 놓치는 것이나 다름없습니다.

매일 아침이든 저녁이든 최소한 하루 한 끼, 이마저도 어렵다면 최소한 주말 식사만이라도 온 가족이 함께하길 간곡히 권합니다. 특히 아이가 나이를 먹어 집 밖의 활동이 늘어날수록 식사 시간은 엄마와 아이가 대화를 나누기 가장 좋은 때가 됩니다.

3단계가 되기 위해서는 엄마와 아이가 공유하는 취미가 있어야 하겠죠. 엄마의 취미에 아이가 관심을 보이며 "엄마, 나도 나도" 하는 경우도 있겠지만, 그렇지 않다면 엄마가 아이에게 취미를 강요해서는 안 됩니다. 아이의 취미에 엄마가 동참해야죠.

많은 아이들의 취미가 게임인데요. 아이가 게임하는 모습을 엄마들은 안 좋아하죠. 저도 처음에는 안 좋아했지만 오히려 지금은 엄마들에게 아이와 같이 게임을 하라고 권해요. 제가 실제로 그렇게 했거든요. 아이와 피시방에 가서 아이가 가르쳐 주는 대로 게임 룰을 익히고 같이 게임을 했습니다. '바람의 나라'라는 게임이었죠. 피시방 사장님이 엄마와 같이 오는 아이는 처음 보았다며 신기해하시더군요. 그렇게 아이와 게임을 하다 보니 아이가 저를 더 편하게 대하고, 게임 시간을 어느 정도로 정해야 할지에 대해서도 아이와 터놓고 이야기할 수 있었습니다.

그리고 4단계. 앞서 제가 4단계를 말씀드리면서 '절친'이라는 표현을 썼잖아요. 그러니까 엄마와 아이의 관계가 3단계를 거쳐 중요한 4단계에 이르려면 아이가 엄마를 절친으로 인식해야 해요. 아이에게 무언가 고민이 생겼을 때 가장 먼저 엄마가 떠올라야 합니다. 그런데 아무래도 엄마는 아이보다 나이도 많고 경험도 많은 어른이다 보니 이 부분에서 실수를 많이 합니다. 아이가 고민을 털어놓았을 때 "그러게, 엄마가 그건 아닌 것 같다고 했지"라고 도리어 아이를 질책한다거나 "엄마가 알아서 해 줄게"라고 섣불리 나선다거나 "뭐, 별문제도 아닌데 소란이니"라고 흘려듣는 거죠.

이렇게 되면 아이는 엄마를 절친으로 여기기는커녕 '내가 고민을 털어놓을 수 없는 사람'으로 정의하여 마음 밖으로 밀어냅니다. 아이에 따라 고민을 이야기했을 때 엄마에게 기대하는 말이 조금씩 다를 수는 있지만, 어떤 경우든 공감의 말이 필수입니다.

5단계는 요즘 들어 성교육의 중요성이 대두되면서 많은 엄마들이 새롭게 고민하는 부분입니다. 그런데 마음이 급한 나머지 아직 4단계까지 가지도 않았으면서 5단계를 원하는 엄마들도 있죠. 하지만 인간관계의 단계는 차근차근 올라간다는 점, 무리해서 뛰어넘으려 하면 오히려 부작용이 있다는 점은 변하지 않습니다. 엄마와 아이의 관계에서도 예외가 아닙니다.

제가 인간관계의 5단계는 1단계가 아니라 0단계부터라고 말씀드렸잖아요. 그렇다면 엄마와 아이는 가족이니까 0단계는 없는 걸까요? 아니요, 있습니다. 아이가 엄마와의 대화를 거부하고 입을 다물고 있으면 0단계인 셈이죠. 다시 한 번 강조하는데, 이런 상황이라면 열 일 제치고 1단계부터 복원해야 합니다.

엄마와 아이에게 각각 관계의 단계를 물어보면 서로 다른 대답이 나오는 경우가 많습니다. 이런 경우 십중팔구 엄마가 생각하는 단계가 아이가 생각하는 단계보다 더 높죠.

엄마에게 묻습니다.

"지금 아이와 몇 단계 같아요?"

"우리 애랑 4단계는 되죠."

아이에게 묻습니다.

"지금 엄마와 몇 단계 같아요?"

"글쎄요…… 2단계? 아니지, 1단계인가?"

엄마는 자신하는데 아이의 대꾸는 다릅니다.

"적어도 2단계는 될 것 같아요."

"저한테는 0단계예요. 엄마는 엄마가 하고 싶은 말만 하고 전 아무 말도 안 하거든요"

지금 나와 내 아이는 5단계 중 어디에 있을까 생각해 보세요. 아이에게 솔직하게 물어도 좋습니다. 이 책을 읽는 모든 분들이 아이와 5단계에 이르기를 바라며 '파이팅'을 외칩니다.

02

대화의 시야 넓히기

"잘 듣는 것도, 비언어를 관찰하는 것도 대화입니다."

아들과의 대화법이라 하면 '엄마가 아이에게 어떤 말을 건네야 하는가'에만 초점을 맞추는 엄마들이 많습니다. 물론 그것도 중요하죠. 무척 중요하고말고요. 하지만 대화는 혼자서 할 수 없고 반드시 상대가 있어야 하잖아요. 상대 없이 홀로 말한다면 그건 대화가 아니라 독백이죠. 또한 상대가 있다 한들, 한쪽만 말하거나 각자 따로 말한다면 그것 역시 대화가 아닙니다.

그래서 아들과 대화를 잘하려면 '듣기'가 '말하기'만큼이나 큰 역할을 차지한다는 사실을 알아야 합니다. 엄마가 일단 아이의 말을 잘 들어야 적절한 말을 건넬 수 있죠. 또 엄마가 아이의 말을 잘 들어야 아이는 '엄마는 나와 좋은 대화를 나눌 수 있는 사람이구나'라고 인식하며 엄마 말에 귀를 기울이게 됩니다.

혹시 지금 아들의 말을 잘 듣지 않으면서 아들에게 일방적인 말하기만 하고 있지는 않으신가요. 그것은 대화가 아니라 잔소리일 뿐입니다. 이런 경우에 엄마는 "애가 제 말은 듣는 척도 안 해요"라고 속상해하고, 아이는 "엄마는 자기가 하고 싶은 말만 해요"라고 답답해합니다. 아이에게 '네가 먼저 엄마 말을 들으면 엄마도 네 말을 듣겠다' 하는 식으로 요구할 수는 없지 않겠어요? 엄마가 먼저 아이의 말을 들어야 합니다.

그런데 잘 듣는다는 것은 단순히 아이의 말을 인식하는 것보다 더 세심한 노력을 필요로 하는 일입니다. 대화는 말로만 이루어지지 않으니까요. 관찰하는 것도 포함되거든요. 바로 '비언어' 때문입니다.

비언어란 입으로 하는 말이 아니면서도 그 사람의 생각과 감정을 담은 표정이나 몸짓, 손짓 등을 가리킵니다. 말로는 '마음에 들어'라고 하는데 정작 표정은 어색하게 굳어 있다면 그 사람의 진심이 어떠한지 짐작할 수 있잖아요.

아이가 아직 말을 하지 못했던 신생아 때를 떠올려 보세요. 아이가 대체 왜 우는지 알아내려 온 신경을 곤두세우고 아이를 살펴본 경험이 있으실 겁니다. "아아, 제발 뭐가 불편한 건지 말 좀 해 줬으면 좋겠다"라고 한탄하면서 말이죠. 그때 아이에게는 비언어가 유일한 대화 수단이었던 셈입니다.

아이가 어느 정도 커서 말을 통해 자유롭게 의사표현을 할 수 있다고 해서 비언어의 중요성이 낮아지는 것은 결코 아닙니다. 아이의 진짜 속마음은 말보다 비언어에 더 자주 담기니까요.

특히 아이가 힘든 일을 겪을 때나 엄마와의 대화를 어려워할 때 그렇습니다. 엄마에게 마음을 들키는 것이 두려워 말로는 "아무 일 없어, 괜찮아"라고 하지만, 아무래도 아이들은 완벽하게 감추는 데 서툴다 보니 표정이나 행동에서 평소와 다른 점이 나타나죠.

실제로 저는 부모님들을 대상으로 성교육이나 부모교육 강연을 할 때 아이의 평소 모습을 잘 살피라고 강조합니다. 내 아이는 누구보다 잘 안다고들 하시는데 모르시더라고 말씀드려요. 성폭력 피해 아동 중에는 말로 털어놓지는 않지만 얼굴빛이 어두워진다거나 자해를 한다거나 하는 이상신호를 나타내는 경우가 많거든요.

이것은 엄마에게 섭섭한 것이 있다든가 친한 친구와 싸웠다든가 하는, 아이들이 일상생활에서 충분히 겪을 수 있는 일이 생겼을 때도 마찬가지로 적용되는 원칙입니다. 정도나 형태는 다르더라도 아이의 비언어는 대화의 중요한 일부분입니다.

아들과의 대화법

아이와 좋은 대화를 하려면 우선 아이의 말을 잘 듣는 습관, 아이의 비언어를 관찰하는 습관을 가지셔야 합니다. 아무리 듣기 좋은 말이라도 그것이 엄마의 일방적인 말하기에 그친다면 대화가 아닙니다.

아들이 엄마에게 원하는 것도 어떤 거창한 칭찬이나 조언 이전에 먼저 대화 그 자체입니다.

03

대화의 연결고리 만들기

"연결고리가 있으면 엄마와 아이의 대화는 언제든 다시 이어집니다."

엄마와 아이의 대화가 시간이 지날수록 엇나가는 것은 어찌 보면 필연적입니다. 엄마와 아이가 서로 독립된 인간이기 때문입니다. 그래서 꼭 필요한 것이 '대화의 연결고리'입니다.

아이가 어릴 때는 엄마가 세상의 전부라 해도 과언이 아닙니다. 아이가 하도 껌딱지처럼 달라붙어서 화장실조차 가기 힘들었던 경험이 있으실 겁니다. 그 시기에는 아이의 입과 귀가 언제나 엄마를 향해 있었습니다. 엄마와 아이 사이에 딱히 대화의 연결고리라는 것이 필요하지 않았죠.

하지만 어느 순간부터 아이에게는 자신만의 세계가 생깁니다. 또 다른 집단에서 또 다른 사람들을 만나고 나름의 취향을 만듭니다. 엄마가 아이의 새로운 세계를 전부 파악한다는 것은 불가능합니다.

그러면서 엄마는 아이의 말을 알아듣지 못하는 일이 잦아집니다. 아이는 엄마의 말을 답답해하는 일이 잦아집니다. 대화가 점점 엇나가고, 대화의 양도 줄어듭니다. 엄마와 아이 사이에 특별한 문제가 있는 것이 아니라 해도 말이죠.

여러분의 학창 시절 친구들을 한번 떠올려보세요. 한때는 날밤을 꼬박 새워가며 수다를 떨어도 시간이 모자랐던 친구들인데 언제부터인가 슬금슬금 멀어지더니 이제는 한 달에 한 번, 아니 1년에 한 번 안부를 주고받기도 힘들어지지 않았나요? 사는 곳이 달라지고, 일하는 분야가 달라지고, 라이프스타일이 달라지다 보니 자연스럽게 그렇게 되었잖아요. 그것을 가지고 누구의 잘못이냐고 따지지는 않습니다. 그저 인간관계의 자연스러운 흐름이니까요.

하지만 그러는 가운데서도 어떤 친구들 사이에는 '대화의 연결고리'가 존재합니다. 과거의 추억일 수도 있고, 비슷한 취미나 직업일 수도 있고, 육아나 시댁 문제일 수도 있습니다. 대화의 연결고리가 있기에 오랜만에 만나도 어색함 없이 금세 다시 이야기꽃이 피어납니다. 이런 친구들과는 연락을 자주 하지는 못하더라도 인연이 계속 이어집니다.

그렇다면 엄마와 아들의 대화에는 어떤 연결고리가 있는 게 좋을까요? 아무래도 매일 얼굴을 맞대는 가족인 만큼 일상적인 것, 생활에서 떼려야 뗄 수 없는 부분이 좋습니다.

저의 경우에는 그 연결고리가 음식이었습니다. 정말 평범하죠? 하지만 평범한 것일수록 큰 힘을 발휘하는 법입니다.

제가 앞의 인간관계 5단계에서 말씀드렸죠. 2단계는 '밥을 같이 먹는 단계'이며, 엄마와 아이가 각자 너무 바쁘더라도 하루 한 끼는 같이 먹기를 권해 드린다고요. 그게 다 제 경험에서 우러나와 드린 말씀이에요. 요즘도 종종 아들과 사이가 어색해졌을 때에도 같이 밥을 먹다 보면 자연스레 서로 이런저런 이야기가 나오면서 스르르 풀어지곤 한답니다.

여기서 더 나아가, 저는 '음식 먹기'뿐 아니라 '음식 만들기'도 대화의 연결고리로 만들었습니다. 사실 원래 목적은, 적어도 자기 밥은 자기가 알아서 차려 먹을 줄 아는 남자로 키우겠다는 것이었어요. 여자가 밥을 차려 주지 않으면 손 하나 까딱 않는 남자들에게 화가 나 있었거든요. 그래서 아이가 어릴 때 동네 문화센터의 어린이 요리 교실을 자주 찾아다니면서 아이와 함께 간단한 요리를 만들곤 했죠.

그게 아이에게 무척이나 즐거운 경험이었나 봐요. 지금도 아들은 가끔 그때를 떠올리며 "엄마, 나 진짜 재밌었어" 하고 말하고, 그때 만들었던 음식이 나오면 "어, 예전에 요리 교실에서 이거 만들 때 엄마가…" 하고 추억 여행을 떠나기도 합니다. 무엇보다도 아들이 "그때 엄마랑 음식을 만들다 보니까 엄마가 날 위해서 밥을 차려 주는 게 무지 대단한 일인 걸 알게 됐어" 하고 말할 때는 뿌듯한 마음까지 듭니다. 제 원래 목적대로 아들이 스스로 밥을 차려 먹을 줄 아는 남자가 된 것은 물론이고요.

제가 직접 경험한 것은 아니지만, 그럼에도 대화의 연결고리로 추천하는 게 반려동물입니다. 개나 고양이 같은 대중적인 반려동물도 좋고 새나 물고기 같은 조금 독특한 반려동물, 또는 반려식물도 좋습니다. 요즘은 반려동물도 엄연히 가족의 일원이라고 하잖아요. 엄마와 아이가 함께 돌보고 함께 책임져야 하는 새로운 가족의 존재는 그만큼 많은 대화가 피어나게 합니다.

제가 아는 어느 엄마는 학업과 진학 문제로 아들과 갈등이 컸습니다. 아들이 대학생이 된 후에도 관계는 좀처럼 회복되지 않았죠. 어느 날 아들이 친구에게서 받았다며 뜬금없이 골든햄스터 한 마리를 데려왔다고 해요. 처음에 엄마는 "집 안에 냄새 나게 웬 동물이니? 네가 알아서 키워"라고 짜증을 냈고 아들은 아들대로 "아, 신경 끄라니까요"라고 성을 냈습니다. 그런데 시간이 지날수록 엄마는 귀엽게 꼬물거리는 햄스터에게 자꾸만 눈길이 갔고, 아들은 전공 시험 준비, 취업 준비에 바빠 엄마에게 햄스터를 부탁하는 날이 잦아졌습니다.

이제 엄마는 즐겁기도 하고 아쉽기도 한 투로 말합니다.

"요즘은 그래도 햄스터 덕분에 아들이랑 대화를 해요. 아들이 더 어릴 때 진작 키울 걸 그랬나 하는 생각이 드네요."

엄마와 아들이 '취미 활동 함께하기'도 좋습니다. 인간관계의 3단계 '취미를 공유하는 단계' 기억하시죠? 이때 엄마의 취미에 아이를 동참시킬 것이 아니라, 아이의 취미에 엄마가 동참해야 한다는 점도 꼭 기억하세요.

"제가 어릴 때도 그렇고 지금도 그렇고 스포츠에는 별로 관심이 없거든요. 근데 아들 녀석 때문에 이렇게 됐네요."

아들을 따라 인기 스포츠 선수의 팬미팅에 가보았다는 어느 엄마가 웃으며 한 말입니다. 물론 저는 아주아주 잘하셨다고, 기회가 생기면 또 가시라고 격려했고요.

아이와 대화가 엇나가는 것 자체를 너무 두려워하지 마세요. 그것은 아이가 무럭무럭 자라고 있고 자신만의 세계로 뻗어 나간다는 증거일 수 있습니다. 대신 아이와의 사이에 대화의 연결고리만큼은 꼭 마련해 두세요. 지금 아들이 옆에 있다면 연결고리에 대해 대화해 보세요. 대화의 연결고리가 있다면 엄마와 아이의 대화는 언제든 다시 이어질 수 있습니다.

04

대화의 중심 잡기

"엄마의 가치관에 따른 구체적인 목표를 세우세요."

대화라는 것은 끊임없는 선택의 연속입니다.

"상대에게 어떤 말을 건넬까?"

"상대의 저 말에 어떤 대답을 할까?"

매 순간 선택해야 하니까요.

그런데 대화란 너무도 일상적인 행동이자 오랜 습관의 결과물이라는 특징을 가지고 있습니다. 그래서 우리가 대화를 할 때 시간을 들여 고심해서 말을 선택하는 경우는 그리 많지 않아요. 대부분의 대화에서 별생각 없이, 무의식적으로, 습관적으로, 하던 대로, 익숙한 대로 말을 선택합니다. 매일 같은 집에서 생활하는 가족 사이라면 더더욱 그렇게 될 수밖에 없습니다.

보통은 그렇게 해도 별문제가 없어요. 아니, 오히려 그렇게 해야 별문제가 없다고 하는 게 더 맞겠죠. 매 순간 적절한 말을 선택하기 위해 의식적으로 머리를 굴려야 한다면 어떻게 일상을 함께할 수 있겠어요? 피곤해서 어떻게 대화를 나누겠어요?

그럼에도 아이와의 대화에 관해서라면 우리는 좀 더 고민하며 말을 선택할 필요가 있습니다. 우리는 엄마니까요. 아이를 잘 키우고자 하는 마음을 가지고 있으니까요. 엄마가 아이에게 어떤 말을 하느냐에 따라 엄마와 아이의 관계가 달라질 수 있고 아이의 미래가 달라질 수 있으니까요.

문제는, 엄마들이 자신의 마음과 달리 아이에게 적절한 말을 건네지 못할 때가 많다는 거예요. 그때그때 기분이나 상황에 따라 말이 달라지기도 하고 기존의 습관이나 선입견에 따른 말이 나오기도 합니다. 그러면 아이는 혼란스러울 수밖에 없어요. 먼저 엄마가 스스로 대화의 중심을 잡아야 합니다.

우선 '나는 아이를 이렇게 키우겠다'라는 목표 몇 가지를 구체적으로 정하세요. 막연히 '올바른 사람으로 키우겠다'라거나 '몸과 마음이 건강한 사람으로 키우겠다'라는 목표는 너무 포괄적이에요. 좀 더 구체적인 목표가 필요합니다.

제가 아들을 낳고 세운 몇 가지 목표를 알려 드릴게요.

아들과의 대화법

① 올바른 성의식과 젠더감수성을 가진 남자로 키우겠다.
② 적어도 자기 밥은 자기가 챙겨 먹을 만큼은 요리를 할 줄 아는 남자로 키우겠다.
③ 건전한 경제관념을 가진 남자로 키우겠다.

첫 번째 목표는 가부장적인 아버지와 남편과는 다르게 키우고 싶다는 생각에서 세운 목표예요. 이 목표에 따라 아이가 어릴 때부터 몸에 대해 자연스럽게 표현하고 타인의 몸을 존중하도록 하는 대화를 많이 나누었습니다. 그러다 보니 제가 성교육 전문가로서 신문과 방송에 나오고 책도 내게 된 것입니다.

두 번째 목표는 바로 앞에서도 살짝 말씀드렸죠. 아들을 데리고 어린이 요리 교실에 다니고 집에서도 종종 엄마의 요리를 돕게 했습니다. 요리에 관한 대화도 자주 나눈 것은 물론이고요.

세 번째 목표를 위해, 낭비벽이 있는 남편 때문에 저는 아이를 여러 번 경제 캠프에 보냈습니다. 제가 싱글맘이다 보니 경제 사정이 넉넉하지 않았는데, 아이에게 너무 부담을 주지 않는 선에서 그런 상황도 솔직하게 이야기했고요. 덕분에 아들이 많은 돈을 벌지는 않아도 엄한 데 돈을 쓰지 않고 나름 계획적으로 소비 생활을 하고 있어 대견하게 생각합니다. 남자아이라면 더욱 이 목표를 권해 드립니다.

이것은 어디까지나 예시로 말씀드린 거예요. 여러분도 무조건 이와 똑같은 목표를 세우라는 뜻이 아닙니다. 엄마의 가치관에 따라서 목표는 달라질 수 있어요. '동물의 생명도 존중하는 남자로 키우겠다'도 좋고 '자기 공간은 알아서 정리정돈하는 남자로 키우겠다'도 좋아요. 여러분만의 목표를 진지하게 생각하고 노트에도 적으세요.

그런 다음 '평소 그 목표와 관련해 어떤 상황이 일어날 수 있을까' '그 상황에서 나는 내가 세운 목표에 따라 어떤 말을 하면 좋을까'를 생각하세요. 그 말을 속으로 여러 번 되뇌면 더욱 좋아요. 그러면 실제 그런 상황이 눈앞에 닥쳤을 때 그 말이 자연스럽게 나올 수 있습니다.

예를 들어, 저는 낯선 어른이 "아유, 너 참 귀엽구나" 하면서 제 아이의 몸을 쓰다듬으면 "아이 몸을 만지지 말아 주세요"라고 말했어요. 제가 뽀뽀하자고 하는데 아이가 싫은 기색을 보이면 "지금은 뽀뽀하고 싶지 않니? 나중에 기분이 좋아지면 엄마한테 뽀뽀해 주렴"이라고 말했어요. '올바른 성의식과 젠더감수성을 가진 남자로 키우겠다'는 저의 첫 번째 목표에 따른 말이었죠.

만약에 제가 막연히 '아들을 좋은 사람으로 키워야지'라고만 생각했다면 어땠을까요? 또는 목표를 위해 어떤 말을 해야 할지 생각하지 않았다면 어땠을까요? 낯선 어른이 제 아이의 몸을 쓰

아들과의 대화법

다듬을 때 아이에게 "예뻐해 주셔서 감사합니다 해야지"라고 시켰을지도 몰라요. 아이가 엄마와 뽀뽀하기 싫은 기색을 보일 때 "엄마가 뽀뽀하자는데 싫은 게 어디 있어, 이리 와"라고 말했을지도 몰라요.

저도 완벽한 엄마는 아닌지라, 이제 와 돌아보면 아쉬운 부분도 있습니다. 그때로 돌아갈 수 있다면 저는 두 가지 목표를 더 세울 거예요. 하나는 '생태감수성을 가진 남자로 키우겠다'예요. 다른 하나는 '운동을 꾸준히 하는 남자로 키우겠다'예요. 그리고 그 목표를 위해 필요한 말을 생각하고 실제로 그 말을 하겠죠.

그래도 제가 애초에 세운 목표만큼은 최선을 다했다고 자부합니다. 때로 힘들기도 하고 혼란스럽기도 했지만 큰 틀에서는 항상 제가 세운 목표에 따라 대화의 중심을 잡고 있었습니다.

지금 여러분의 머릿속에 떠오른 목표가 있나요? 바로 그것이 여러분이 아들과 대화할 때 중심이 되어 줄 겁니다.

05

다름 인정하기

아들을 낳는 순간부터, 아니 배 속에 품은 아기가 아들이라는
사실을 확인한 그 순간부터 '아들은 이러하다'는 둥, '남자애는
저러하다'는 둥 온갖 말들이 주위에서 들려옵니다. 저도 그랬답
니다.

아들은 활동적이다, 아들은 에너지가 넘친다, 아들은 겁이 없
다, 아들은 사고뭉치다, 아들은 산만하다, 아들은 무뚝뚝하다, 아
들은 표현을 잘 안 한다, 아들은 언어 발달이 늦다, 아들은 눈치
가 느리다, 아들은 공감력이 약하다, 아들은 참을성이 떨어진다,
아들은 공룡에 열광한다, 아들은 자동차나 기차에 열광한다 등

등 많은 말을 들었어요.

그런데 한편으로는 이런 말들도 꽤 익숙하지 않나요.

"우리 아들은 너무 소심하고 숫기가 없어요."

"우리 아들은 여자애들보다도 눈물이 많아요."

"우리 아들은 저보다 더 차분해요."

"우리 아들은 밖에 나가는 걸 별로 안 좋아해요. 집 안에서만 놀려고 해요."

아들다우면 아들다워서 걱정, 아들답지 않으면 아들답지 않아서 걱정인 것 같습니다.

엄마가 이런 생각을 가지고 있으면 당연히 아들과의 대화에도 영향을 미치게 되죠. 그러면 아들은 '나에게 문제가 있구나' 하고 자존감에 상처를 입습니다. 엄마에게 인정받지 못한다고 생각하는 아들이 과연 엄마와 편한 마음으로 대화를 나눌 수 있을까요?

사실 아들만이 아니에요. 딸에게도 마찬가지죠. '딸은 이러하다' '여자애는 저러하다'라는 말들도 만만찮게 많잖아요. 아마 여러분 중에는 어린 시절에 이런 말을 들어본 분들이 꽤 있으실 거예요.

"넌 무슨 여자애가 그렇게 겁이 없냐."

"이 집은 딸이 아들보다 더 활동적이네."

그런 말을 들었을 때 이상하다는 생각이 들지 않으셨나요? 나는 그저 나답게 행동할 뿐인데, 내가 하고 싶은 방식대로 하는 것뿐인데 왜 어른들은 마치 기준에서 벗어난 아이처럼 취급하는지 말이죠.

아이들은 각자 다릅니다. 저마다의 개성을 가진 존재들이에요. 우리 아들들도 마찬가지랍니다. 소위 아들의 특성이라는 것과 정확히 일치하는 아들도 있겠죠. 전혀, 조금도, 하나도 일치하지 않는 아들도 있을 거고요. 아마 대부분의 아들들은 그사이의 어디쯤엔가 있겠죠.

그걸 가지고 굳이 '아들이라서 이런다'라든가 '남자애답지 않다'라는 식으로 표현하는 건 이상하지 않나요? 그저 '이 아이는 이런 특성을 가지고 있구나'라고 받아들이면 되는 것입니다. 엄마야말로 아이의 개성을 가장 먼저 품어 주어야 하는 사람이에요. 그래야 아이도 엄마에게 믿음과 신뢰를 가지게 되죠.

저희 아들은 또래보다 말이 빠른 편이었고 그만큼 표현력도 높은 편이었어요. 몸을 움직인다든가 야외 활동을 하는 것에는 그렇게 관심이 많지 않았고요. 아이가 그런 면을 선천적으로 타고났는지, 아니면 엄마인 저의 영향을 받아서 그런 면을 습득한 건지 저는 잘 알지 못합니다. 어느 쪽이든 중요하지 않다고 생각해요. 저는 그저 아들의 개성을 있는 그대로 인정했을 뿐이에요.

아들답지 않다고 걱정하지도 않았고, 아들답게 교정하려 하지도 않았죠.

엄마는 아들의 개성을 있는 그대로 인정한다 해도 외부의 시선에 마음 상하는 일이 생길 수 있어요. 그럴수록 엄마가 자책하거나 흔들리면 안 됩니다. 사람은 그 자체로 존중받아야 한다는 것을 아이에게 알리고 격려하면 됩니다.

몇 해 전 공중파의 인기 육아 프로그램에 출연했던 배우 봉태규 씨와 아들 시하에게도 그런 시선이 쏟아졌습니다. 시하가 여자아이용 한복을 입고 있어 다른 아이가 시하를 여자아이로 착각하는 에피소드가 방송되자 '아들은 아들답게 키워야죠'라는 시청자 의견이 이어진 것이죠. 당시 봉태규 씨가 직접 자신의 SNS 계정에 남긴 말이 너무도 인상적이라 여기에 인용합니다.

"시하는 핑크색을 좋아하고 공주가 되고 싶어 하기도 한다. 그렇다면 저는 응원하고 지지하려고 한다. 제가 생각할 때 가장 중요한 건 사회가 만들어 놓은 어떤 기준이 아니라 시하의 행복이다. 참고로 저도 핑크색 좋아한다. 그래도 애가 둘이다."

혹시나 하는 마음에 한 가지 주의를 드리자면, 아이의 개성을 있는 그대로 존중한다는 것이 곧 아이가 무얼 하든 '그래그래, 마음대로 해'라며 방치하는 것을 의미하지는 않습니다.

산만해서 잠시도 가만히 있기 힘들어하는 아이라면 마음껏 신나게 몸을 쓸 기회를 만들어 주세요. 어린이 스포츠클럽에 보내는 식으로요. 다만, 그런 아이라도 교실이라든가 공공시설에서는 기본적인 예의를 지키도록 엄마가 이끌어야 합니다. 내성적이어서 발표를 유난히 힘들어한다면 긴장하는 마음 자체를 먼저 보듬어 주세요. 내성적인 건 바꿔 생각하면 신중하고 조심성이 많은 것뿐이죠. 요즘은 내성적인 사람만이 가진 강점을 재조명하는 책들도 많이 나와 있습니다. 집에서 미리 발표 연습을 하며 긴장을 풀도록 해 주면 좋겠죠.

아들에 대한 무의미한 고정관념은 이제 내려놓으세요. 사회 전체가 내려놓도록 하기 위해 엄마들이 먼저 나서서 내려놓아야죠. 아이를 있는 그대로 인정할 때 엄마도 아이도 대화가 한결 편안해집니다.

06

부담감 내려놓기

"완벽한 엄마보다 아이와 교감을 나누는 엄마가 되세요."

아이를 기른다는 것, 물론 상상 이상으로 힘든 일이지만 그와 동시에 상상 이상으로 행복한 일이기도 합니다. 하지만 아무리 행복한 일이라 해도 나 혼자 오롯이 책임을 떠안아야 한다면 그 일이 주는 기쁨을 온전히 누리기 어렵습니다. 엄마에게 있어 육아가 딱 그런 것이죠.

'엄마가 행복해야 아이도 행복하다'라는 말, 들어 보셨을 거예요. 제가 정말 많이 공감하는 말입니다. 엄마가 육아의 무게에 짓눌린다면 행복할 리 없잖아요? 행복하지 않은 엄마 밑에서 자란 아이도 행복할 리 없잖아요? 대화로 한정해도 그렇죠. 행복하지 않은 엄마가 과연 아이와 대화를 통해 교감을 나눌 수 있을까요?

아이는 엄마 혼자 낳지 않습니다. 엄마 아빠가 모두 있어야 아이가 태어나는 것은 자연의 이치입니다. 원칙적으로 아빠도 엄연히 공동양육자라는 위치에 있죠. 그런데 현실적으로 육아의 의무는 엄마가 훨씬 많이 지고 있어요. '독박육아'라는 말이 가리키듯이 말입니다.

물론 과거보다는 나아졌다고들 하죠. 아빠들의 인식도 많이 바뀌었고 아빠들이 육아에 참여하는 시간도 늘어났습니다. 하지만 그럼에도 아직 한참 멀었다는 거, 엄마들은 절실히 느끼실 거예요.

제가 참 싫어하는 표현이 '엄마표'예요. 아이와 관련된 물건들 중에는 상품명이나 광고 카피에 '엄마표'라는 표현을 쓰는 것을 흔히 볼 수 있어요. 요즘 우리나라 사람들에게 가장 인기 있다는 쇼핑몰 중 한 곳에서 '엄마표'를 검색했더니 엄마표 놀이, 엄마표 영어, 엄마표 공부법, 엄마표 밥상, 엄마표 간식 등등 종류도 개수도 참 많더군요.

하지만 '아빠표'를 검색하면? 종류도 개수도 그 수가 확 줄어듭니다. 그나마 맨 위에 뜨는 것이 '아빠표 체육놀이'예요. 아빠는 육아를 한다 해도 엄마를 보조하는 정도에 그치고, 그나마도 몸을 써서 놀아 주는 것에 한정되는 경향이 있습니다.

더구나 엄마-아빠-아이로 이루어진 가족 외에도 가족 형태가 다양해지고 있잖아요. 저만 해도 이혼 후 엄마와 아이만으로 이루어진 한부모 가정이 되었죠. 그만큼 아이의 양육자도 다양해지고 있습니다. 엄마나 아빠 혼자 양육자일 수도 있고, 조부모나 이모, 삼촌이 양육자일 수도 있고, 어떤 사회복지 기관이 양육자일 수도 있어요. 그런데도 우리 사회는 엄마만을 찾고 있습니다.

저는 '엄마표'를 강조하는 것이 엄마들을 대상으로 하는 일종의 공포 마케팅이라는 생각도 들어요.

"이것을 사용하지 않으면 당신의 아이는 낙오자나 실패자가 될 것이고, 그러면 당신은 나쁜 엄마라고 손가락질받을 것이다."

이 메시지를 암암리에 강조하는 것 같거든요. 그렇다 보니 저 자신조차 '엄마표'의 행렬에 하나 더 보태는 것은 아닌지 항상 조심스러운 마음입니다. 그래서 처음에 자녀교육 분야의 책을 낼 때 '양육자'나 '보호자'라는 표현을 사용하고 싶었어요. 하지만 그러면 독자들이 어려워한다고 출판사에서도 말리고, 주위 분들도 말리더군요.

이렇게 아들 가진 엄마들을 향해 이 책을 쓰면서 저는 간곡히 바라고 있습니다. 이 사회의 엄마들이 부디 육아의 부담감을 스스로 조금이라도 내려놓았으면 하고요.

아이에게 완벽한 엄마가 되려고 하지 마세요. 엄마도 때로 실수하는 평범한 인간입니다. 실수를 했다면 인정하고 다시 하면 됩니다.

이 책을 읽고 나서도 아이와 대화하다가 무심코 예전 습관대로 말을 건넬 수도 있고, 아이의 말을 흘려들었다가 후회할 수도 있습니다. 그런 시행착오는 충분히 겪을 수 있습니다. 조금씩 노력하고 조금씩 나아지면 되는 것입니다.

다만, 엄마가 노력하고 있다는 사실 자체를 아이에게 솔직하게 이야기하세요. 실수를 저질렀을 때는 아이에게 사과도 하세요. 아이는 완벽한 엄마를 바라는 것이 아니라 자신과 교감을 나눌 수 있는 엄마를 원합니다. 엄마의 그런 모습에 아이도 더욱 엄마를 이해해 줄 겁니다.

기왕이면 아이 아빠와도 이 책을 함께 읽으셨으면 좋겠습니다. 가정의 중심은 '부부'입니다. 엄마 혼자 아이와 대화를 잘하게 되면 그건 반쪽짜리입니다. 아빠도 아이와 대화를 잘할 수 있어야죠.

아빠라고 아들과의 대화에 어려움이 없을까요? 아마 엄마보다 더 심각한 상황인 아빠들이 많을걸요. 엄마들은 문제의식을 느끼고 이렇게 책을 찾아 읽기라도 하는 데 반해, 아빠들은 문제의식조차 못 느끼고 여전히 '애 엄마가 알아서 하겠지' 하며 방심하고 있으신 건 아닐까요? 엄마와는 반대로 아빠는 부담감을 좀 느끼실 필요가 있습니다. 아내의 부담감을 나누라는 말씀입니다.

물론 아빠가 아닌 사람과 함께 아이를 양육하고 있다면 그 사람과 함께 이 책을 읽으세요. 만약 저와 같은 싱글맘이면 다른 싱글맘들과 함께 읽으셔도 좋고요. 그렇게 함께 읽고 서로의 생각을 대화로 나누는 것 자체가 육아의 부담감을 내려놓는 데 조금은 도움이 될 겁니다.

엄마가 행복해야 아이도 행복할 수 있듯이, 엄마가 행복해야 아이와 행복한 대화를 나눌 수 있답니다.

아들과의 추억 갤러리

: 요리와 건강

유치원 때 혼자서 음식하기

떡복 2004. 8. 26 (목)

만두당수 2004. 8. 26 (목)

요리를 하면서 편식을 줄이고 건강도 챙기게 되었어요.

3부

엄마의 사소한 대화가
표현력 있는 아들로 만들어요

– 진정한 남자로 성장시키는 5가지 대화 기법

01

아들의 표현력을 일깨우는 대화

"엄마는 오늘 하루 이랬는데 넌 어땠니?"

표현력. 자신의 생각이나 느낌을 효과적으로 나타내어 상대방에게 잘 전달하는 능력이지요. 과거에는 '침묵이 금'이라는 말이 진리로 여겨지기도 했습니다만, 요즘에는 통하지 않죠. 현대 사회는 자기 PR의 시대, 자기 홍보의 시대라고들 하잖아요. 그만큼 표현력이 중요한 능력으로 주목받는 시대입니다.

학교에서도 표현력이 무척 중요해졌습니다. 엄마 세대는 그저 암기 위주로 열심히 공부하면 시험에서 높은 점수를 받을 수 있었고 명문대에 갈 수 있었지요. 하지만 이제는 학생부종합전형의 비중이 커지면서 학교 안에서 자기 개성과 재능에 맞는 활동을 한 학생들이 유리해지고 있어요. 면접과 자기소개서의 비중도 커졌고요. 그렇기에 표현력은 우리 아이들이 학교에서 가장 필요로 하는 능력 중 하나로 꼽힐 만하지요.

상황이 이렇다 보니 아들 엄마들은 아이의 표현력을 무척 염려합니다.

"우리 아들은 또래보다 말을 조리 있게 하지 못해요."

"우리 아들은 말이 없어도 너무 없어요."

"우리 아들은 뭘 물어도 단답형으로만 대답해요."

아들 엄마들에게서 자주 듣는 걱정이지요. '아들은 딸보다 언어 발달이 늦다'라거나 '남자는 여자보다 언어 능력이 떨어진다'라는 고정관념까지 더해져 아들 엄마들의 불안을 증폭시킵니다.

아들의 표현력이 걱정될 때 엄마들이 해결책으로 주로 떠올리는 것이 웅변학원입니다. 요즘은 스피치학원이라고 불리기도 하더군요. 이런 학원에 가면 말하는 연습 자체를 많이 하게 되니까요. 그다음으로 떠올리는 것이 책입니다. 책을 많이 읽으면 어휘력이 커지니 그만큼 표현력도 늘 거라고 기대하죠.

웅변학원, 스피치학원, 책을 통해 아이의 표현력이 높아지는 효과를 볼 수도 있습니다. 단, 전제가 있어요. 아이가 먼저 엄마에게 "나 웅변학원 다니고 싶어요" "나 책 더 사 주세요"라고 요청한 경우여야 합니다. 그런 것이 아니라 엄마가 하라고 하니까 아이가 등 떠밀리듯 웅변학원에 가거나 책을 읽는 것이라면 역효과가 나기 십상입니다. 왜 그러냐면 한 아이가 갖추는 표현력의 수준은 그 아이가 갖는 정서에 큰 영향을 받거든요.

아이가 무언가를 표현할 때 편안한 정서를 갖는다면 아이는 표현 자체를 좋아하게 됩니다. 그래서 자꾸자꾸 더 표현하고 싶어 하고, 그럴수록 표현력이 늘어납니다. 하지만 무언가를 요구할 때나 표현할 때 주위 반응을 너무 의식하다 보면 불편함을 느낍니다. 특히 '엄마는 내가 말을 잘 못한다고 걱정하는데 이렇게 말해도 괜찮을까' 하는 생각이 머릿속에 자리하면 표현이 스트레스로 다가와 표현 자체를 점점 꺼릴 수밖에요.

그렇기 때문에 아이의 표현력 향상에 무엇보다도 도움이 되는 것이 바로 엄마와의 관계대화입니다. 대화라는 것 자체가 자신의 생각이나 느낌의 표현이라고 할 수 있는데, 아이가 가장 편한 마음으로 가장 많은 대화를 나눌 수 있는 사람은 엄마니까요. 엄마와의 대화는 아이에게 일상적이면서도 효과적인 표현력 연습이 됩니다.

어렵게 생각하실 거 없어요. 무언가 특정 문장을 건네려고 신경 쓰시기보다 그저 아이와 대화를 많이 하세요. 엄마와 아이 사이에 대화가 많을수록, 대화 시간이 길수록 아이의 표현력은 올라갈 수밖에 없으니까요.

아들과의 대화법

제가 이렇게 대화의 양을 강조하면 어떤 엄마는 난감해하며 질문하세요.

"아이와 대화가 길게 이어지지 않아요. 아이가 제 말에 '응' '아니' '그냥' '별로' 이런 식으로만 대답하는데 어떡하죠?"

이런 엄마들께 제가 팁을 한 가지 드릴게요. 한번 이 질문을 생각해 보세요. 아이 앞에서 엄마 자신의 표현력은 어느 정도일까요? 아이에게 엄마 자신에 대해 얼마나 표현을 하시나요?

엄마 스스로는 잘 의식하지 못하지만, 정작 엄마 자신에 대해 아이에게 잘 표현하지 않습니다. 평소 아이와 나누던 대화를 떠올려보세요. 대부분 아이의 생활에 관한 것이지 않나요? 그 안에 엄마 자신에 관한 이야기는 별로 없지 않나요?

'아유, 애한테 내 얘기를 할 게 뭐가 있다고' 하는 생각이 든다면 그건 잘못 생각하는 거예요. 따져 보면 얼마나 많은데요. 살림하는 엄마면 살림하는 이야기, 밖에서 일하는 엄마면 일하는 이야기가 차고 넘칩니다. 시답잖은 일이라도 괜찮고 자못 심각한 일이라도 괜찮아요. 그러면서 엄마의 생각과 느낌을 자연스럽게 표현하면 됩니다. 그러고는 아이에게 질문하는 겁니다. "넌 어떻게 생각해?"라든가 "넌 오늘 하루 어땠어?"라고 물어서 아이가 대화를 이어 갈 수 있도록 하세요.

아이는 생각보다 엄마에게 호기심이 많고, 엄마의 일상이나 생각을 흥미로워한답니다. 엄마가 먼저 엄마 자신을 드러냈을 때 아이는 기꺼이 호응하곤 합니다.

저는 성교육 강사, 부모교육 강사로 일하면서 제 일에 관한 이야기를 아들에게 자주 말하곤 했어요. 보람 있었던 일도 말했고 속상했던 일도 스스럼없이 말했습니다. 그중에서도 속상한 일을 말할 때 아들과 더 친해지는 것을 경험하게 될 거예요.

"엄마가 오늘 진짜 뿌듯하고 기분 좋았어. 엄마 말 듣는 사람들 호응이 너무 좋더라고."

"엄마가 사람들 앞에서 너무 당황한 거 있지. 글쎄 무슨 일이 있었냐면…."

그러면 아들은 열심히 듣고서 "엄마, 내 생각에는 말이야" 하고 자기 나름대로 의견을 내기도 하고, "엄마, 나도 오늘 기분 좋은 일 있었는데" 하고 자기 이야기를 꺼내기도 했지요.

엄마가 먼저 책 읽는 모습을 보여야 아이도 따라서 책을 읽는다고 하지요. 표현력도 같은 이치라고 생각하면 됩니다. 아이 앞에서 적극적으로 좋은 마음, 슬픈 마음을 표현하세요. 그러면 엄마도 아이도 대화가 더욱 즐거워집니다. 엄마와 아이의 대화가 즐거우면 대화의 양이 많아지고, 아이의 표현력 향상은 자연히 따라옵니다.

아들의 공감력을 일깨우는 대화

"엄마랑 역할놀이할까?"

나 혼자가 아니라 많은 사람이 함께 살아가는 세상입니다. 타인과 공감하면서 잘 소통할 줄 알아야 사회에서도 가정에서도 원만한 관계를 이루기 마련이에요. 공감력은 타인과의 소통에 반드시 요구되는 능력입니다.

공감력이 너무 떨어지는 사람이 다름 아닌 사이코패스입니다. 이런 극단적인 수준까지 가지는 않는다 해도 공감력이 부족한 사람은 결국 주위로부터 환영받지 못하고 외면받게 됩니다.

여러분도 평소 내 마음에 잘 공감해 주는 친구와 더 가까이 지내기 마련이잖아요. 하물며 남편이라도 내 마음에 영 공감하지 못할 때는 마치 남처럼 느껴지곤 하지요.

혹시 남자 아기와 여자 아기의 공감력 차이를 알아본 실험을 들어본 적 있나요? 이 실험에 따르면, 엄마가 아기와 놀다가 아파하는 시늉을 할 때 여자 아기들은 눈물을 흘리며 슬퍼한 반면, 남자 아기들은 별로 관심을 보이지 않고 계속 놀았다고 해요.

1부에서도 말씀드렸듯이, 여성과 남성 차이가 얼마나 선천적인지 저는 판단하기가 조심스럽습니다. 하지만 어쨌든 아들 엄마들이 아이의 공감력을 더 많이 걱정하는 게 현실이지요.

아이의 공감력을 높이고 싶다면 역할놀이를 해 보세요. 다른 사람이 되었다고 상상하고 그 사람의 입장에서 서로 대화를 나누는 것입니다.

이미 아이들은 역할놀이에 익숙합니다. 특히 유아기 아이들이 평소에 자주 하는 소꿉놀이, 의사놀이 등이 다 역할놀이잖아요. 역할놀이에서 아이들은 별별 역할을 맡고 별별 상황을 만듭니다. 아빠가 되어 회사를 나가다가, 로봇이 되어 지구를 지키다가, 의사가 되어 주사를 놓기도 합니다.

그래서 그저 아이들 놀이로만 생각하지 말고 엄마가 적극적으로 역할놀이를 이용하면 아이의 공감력을 높일 수 있습니다. 공감력을 높이려면 다른 사람의 입장에서 생각해 보는 경험을 자주 해야 하는데, 역할놀이야말로 그런 경험이 되는 셈이거든요.

어떤 제3자 입장이 되어 보는 역할놀이도 좋습니다만, 저는 엄마와 아이가 서로 입장을 바꿔 보기를 권합니다. 엄마가 아이가 되고, 아이가 엄마가 되어 대화를 나누는 것입니다.

저는 아들과 갈등이 생겼을 때 역할놀이를 하곤 했습니다. 아들이 아침에 일어나지 않으려고 할 때라든지, 밥을 안 먹으려 할 때라든지, 떼를 써서 제 목소리가 점점 올라가는 상황에서 아이에게 "엄마랑 역할놀이하자!"라고 말했죠. 입장 바꿔 대화를 해 보자는 신호였습니다.

갈등이 생겼다는 것은 서로의 입장이 엇갈린다는 거잖아요. 그러니 이때야말로 공감력이 가장 필요한 상황일 수밖에요.

저와 아들의 역할놀이에서는 이런 식으로 대화가 흐르곤 했습니다.

엄마 입장이 된 아들 일어나. 아침이야.

아들 입장이 된 엄마 아웅, 너무 졸려. 좀만 더 자고 싶은데.

엄마 입장이 된 아들 안 돼. 벌써 몇 시인데.

아들 입장이 된 엄마 5분만. 어제 친구네 집에서 놀아서 피곤해.

엄마 입장이 된 아들 지금 일어나야 엄마 일 나가기 전에 같이 밥 먹지.

아들 입장이 된 엄마 난 좀 더 자고 그냥 우유만 마실래.

엄마 입장이 된 아들 엄마가 아침상 다 차려놨단 말이야.

아들 입장이 된 엄마 그거 다시 냉장고에 넣어둬도 되잖아.

이렇게 대화가 오가다 보면 저도 아들의 마음이 이해되고, 아들도 엄마의 마음을 이해하게 되었지요. 상대의 입장에 공감하면 갈등 상황은 스르르 풀리게 마련이더군요.

아이와의 역할놀이를 어색하게 생각하지 마세요. 하다 보면 익숙해진답니다. 아이도 좋아하고요. 아들이 다 큰 요즘도 저는 종종 아들과 역할놀이를 하는 걸요. 말싸움이 커지겠다 싶으면 제가 "아들, 우리 역할놀이하자!"라고 외치고 아들도 엄마를 알고 싶어 "오케이!"를 외치지요.

드라마, 영화, 동화책, 뉴스, 신문 등 다양한 미디어를 통한 공감력 훈련도 추천합니다. 등장인물 중 어느 한 명의 입장이 되었다고 상상하거나 내가 그 상황에 처해 있다고 여기고 대화를 나누는 겁니다.

이때 엄마가 아이에게 일방적으로 질문을 건네기보다는 먼저 엄마의 생각을 이야기해 보세요. 그러면 아이와 대화를 이어 가기가 더욱 수월합니다. 저는 주로 드라마를 이용합니다.

엄마 저 주인공은 왜 저렇게 말할까? 엄마라면 솔직하게 고백할

렌데.

아들 솔직하게 말하면 잡혀 갈 게 빤한데 어떻게 솔직하게 말해.

엄마 그럼 너도 저 상황이면 저렇게 둘러댈 거야?

아들 아니, 나라면 아무 말도 안 할 거야. 그냥 가만히 있을 거야.

엄마 네가 저 사람들이라면 가만히 있다고 더 의심하지 않을까?

아들 그럴 때는 도망칠 거야.

역할놀이가 직접적으로 공감하는 경험이라면, 미디어는 간접적으로 공감하는 경험이 되는 셈입니다. 간접적이긴 해도 훨씬 더 다양한 입장과 상황에 공감해 볼 수 있다는 장점이 있죠.

'아들이니까 으레 공감력이 약할 수밖에 없지 뭐' 하고 넘어가지 마세요. 오히려 '아들이니까 공감력 훈련이 더 필요해'라고 생각해야 합니다. 공감력이 선천적인지 그렇지 않은지는 중요하지 않습니다. 아이의 공감력은 엄마와의 대화를 통해 얼마든지 성장시킬 수 있습니다. **많이 보고 서로 다른 말로 느껴 보세요.**

아들의 회복탄력성을 일깨우는 대화

"괜찮아, 그럴 때도 있는 거지."

누구나 살다 보면 시련을 겪습니다. 엄마가 아무리 아이를 지켜 주고 싶어도 아이는 성장하면서 이런저런 좌절을 경험합니다. 그러면서 성장합니다. 시련과 좌절이 닥쳤을 때 일어서는 힘, 그리하여 오히려 그 시련과 좌절을 통해 한 단계 더 성장해 내는 힘, 바로 회복탄력성입니다.

　회복탄력성은 용수철 같은 것이라고 생각하면 됩니다. 용수철은 탄력이 강해서 손으로 눌렀다가 떼면 원래보다 더 튕겨 나가잖아요. 우리 마음에 내재되어 있는 용수철이 곧 회복탄력성인 셈입니다. 시련과 좌절이 짓누를 때 회복탄력성이 강한 사람은 극복해 내지만, 약한 사람은 그대로 주저앉아 버립니다.

그런데 회복탄력성은 남성이 여성보다 낮은 편이라고 해요. '남자는 약한 모습을 보이면 안 된다' '남자는 사회적으로 성공해야 한다' '남자는 가장으로서 가족을 이끌어야 한다'라는 생각이 강하다 보니 자신의 실패를 인정하지 않고 회피하는 것입니다.

이런 생각은 남성 중심적이고 권위적인 집안 분위기에서 만들어집니다. 아이의 회복탄력성을 키우기 위해서는 먼저 여러분의 집안이 평소 어떤 분위기인지 점검해야 합니다.

잘 판단이 되지 않는다면 혹시 이런 말들이 집 안에서 들리지 않는지 떠올려보세요.

"사내 녀석이 울면 쓰나."

"남자는 우는 거 아니야."

"남자가 울면 고추 떨어진다."

콕 집어 이런 말이 나오지 않더라도 이런 방향의 분위기가 조성되기도 합니다. 아들이 울거나 떼를 쓸 때 딸보다 더 엄하게 제지하는 식으로요.

아들이 눈물을 보였을 때 이런 말을 듣는다면, 또는 이런 분위기를 겪는다면 그 순간 아이는 슬픔이 부정당하는 경험을 하게 됩니다. 이런 일이 반복될수록 아이는 부정적 감정을 드러내는 것에 불편함을 느낍니다. 그 불편함이 결국 '남자는 약한 모습을 보이면 안 된다'라는 강박으로 이어지고요.

회복탄력성이란 힘든 상황에서 부정적인 감정을 어떻게 다루느냐에 달려 있다고도 할 수 있습니다. 내면의 슬픔, 분노, 두려움, 패배감 같은 부정적인 감정을 외면하지 않고 직시할 때만 그것을 극복할 수 있는 법이니까요.

아들의 부정적인 감정을 억누르는 말은 반드시 삼가 주세요. 이런 분위기를 조성하는 말 역시 마찬가지로 삼가야 하고요.

엄마가 조심한다 해도 아빠나 가까운 친인척 어른이 아이에게 이런 표현을 쓸 수도 있습니다. 그럴 때는 엄마가 제지해 주셔야 합니다. 그러기 힘든 상황이라면 엄마가 따로 아이의 감정을 보듬어 주셔야 합니다. "많이 슬퍼서 눈물이 났구나. 슬플 때는 울어도 괜찮아" 하고 말이에요.

아이의 회복탄력성을 방해하는 대화를 말씀드렸으니, 그럼 어떤 대화가 아이의 회복탄력성을 키워 주는지도 말씀드릴게요.

핵심은 실패를 다루는 대화에 있습니다. 실패라고 표현하니까 무슨 큰일 같은데, 사실 사람들은 일상적으로 실패를 겪으며 살아갑니다. 아이에게는 수업에서 발표를 망치는 것, 어려운 문제를 풀지 못하는 것, 운동회에서 달리다가 넘어지는 것, 숙제를 다 하지 못하는 것, 늦잠을 자서 지각하는 것 등 다양한 실패가 있을 수 있겠죠.

아들과의 대화법

자잘하기에 그만큼 흔하기도 흔한 실패인 셈입니다. 그렇다고 무시할 것이 아니에요. 이런 자잘한 실패를 대하는 태도가 쌓이고 쌓여 훗날 큰 시련과 좌절이 왔을 때 회복탄력성을 발휘할 수 있느냐 없느냐가 결정됩니다.

우선 실패를 한 아이의 마음을 보듬어 주세요. 엄마가 아이의 실패에 엄하게 반응하면 아이는 실패 자체에 더 주눅이 들 수밖에 없어요. 엄마는 아이를 평가하는 사람이 아니라 다독여 주는 사람이어야 합니다. 아이에게 실패는 누구나 겪을 수 있다는 사실도 알려 주세요.

"괜찮아. 그럴 때도 있는 거지."

"그래서 기분이 많이 안 좋구나. 엄마가 안아 줄게."

또한 엄마는 아이가 실패에 이르기까지의 과정에 더 주의를 기울여야 합니다. 실패 자체보다 과정에 초점을 맞추는 대화를 해야 합니다. 과정에서 아이가 최선을 다했다면 그 점을 구체적으로 칭찬해 주세요.

"그래도 엄마는 네가 열심히 연습하는 모습이 참 보기 좋았어."

"네가 최선을 다했던 거 엄마는 잘 알고 있어. 다음엔 더 잘할 거야. 누군가 널 알아봐 줄 거야."

저는 아이가 열심히 공부하면 비록 성적은 기대만큼 나오지 않았더라도 용돈을 주었습니다. 아들이 깜짝 놀라 "엄마, 나 점

수 별로 못 받았는데 왜 용돈 줘?" 하고 물으면 이렇게 대답했습니다.

"네가 그 과목 잘하고 싶어서 노력했으니까 용돈 주는 거지. 엄마는 네가 전날 늦게까지 문제집 붙잡고 씨름한 거 알아. 그렇게 열심히 하는 태도가 중요한 거야."

때로는 엄마의 실패도 아이에게 드러내세요. 엄마가 아이 또래일 때 경험한 실패를 솔직히 이야기하는 것도 좋습니다. 엄마로서 아이에게 저지른 실패를 솔직히 인정하는 것도 좋습니다. 많은 엄마들이 아이 앞에서 실패를 인정하지 않으려고 하는데, 거듭 말씀드리지만 아이는 완벽한 엄마를 바라는 것이 아닙니다. 엄마가 자신의 실패를 다루는 태도와 감정은 아이의 회복탄력성에 큰 영향을 미칩니다.

"엄마도 네 나이 때 비슷한 일이 있었어. 그때 엄마도 너처럼 참 속상해했어."

"이건 엄마가 잘못한 것 같아. 정말 미안해. 엄마도 때로 실수하기도 하는 거야. 이해해 줄래?"

사실 아이의 실패를 바라보는 엄마의 마음이 마냥 편하지는 않지요. 아이보다 더 속상해서 어쩔 줄 몰라 하는 엄마들도 있습니다. 아이들 중에도 본인을 잉여인간이라고 여기며 힘들어하는 경우가 있습니다.

아들과의 대화법

하지만 인생은 깁니다. 100세 시대라고 하잖아요. 아이의 실패가 당장은 인생 전체를 좌우하는 큰일 같아도 긴 인생에서 보면 사소할 수 있습니다. 이번에는 실패하지 않더라도 다음 번에는 실패할 수도 있고요.

회복탄력성은 아들이 긴 인생을 씩씩하게 살아 나가게 하는 바탕이 됩니다. 아이의 실패 앞에서 엄마의 속상함은 내려놓으시고 회복탄력성을 키워 주는 대화를 나눠 보세요.

아들의 자존감을 일깨우는 대화

"엄마는 너의 모든 것을 존중해."

자존감. 요즘 자주 들리는 말입니다. 자존감을 풀어 쓰자면 '스스로를 존중하는 마음'이라고 할 수 있겠지요. 자존감이 높은 사람은 언제나 긍정적인 태도를 가지며 주위 사람들과 원만한 관계를 맺습니다.

자존감을 높여야 한다고, 자존감을 회복해야 한다고 전문가들도, 보통 사람들도 입을 모아 말합니다. 자존감이야말로 현대인들의 가장 큰 화두가 아닌가 싶습니다.

그렇다 보니 엄마들은 아이의 자존감을 키워 주려 애씁니다. 자존감은 자녀교육에서도 중요한 화두가 되었습니다.

아이의 자존감 이야기가 나올 때마다 제게는 떠오르는 남자아이가 한 명 있어요. 예전에 상담을 하다가 만난 아이였습니다.

그 아이는 상담 내내 가족 자랑을 청산유수로 하더군요. 아빠는 큰 회사를 다니고 엄마는 멋진 일을 하고 있고 누나는 유명 대학에 다니며, 가족끼리 사이도 좋고 이곳저곳 해외여행도 자주 다닌다고 말이에요. 저는 "아, 그러니?" "와, 대단하다" 하며 고개를 끄덕끄덕하며 들어주었어요. 몇 번의 상담이 계속 그런 식으로 진행되었지요.

그러던 어느 날이었어요. 아이가 갑자기 고백하는 거예요.

"선생님, 저 그동안 거짓말했어요. 저희 집은 별 볼일 없어요. 엄마 아빠는 매일 싸워요. 누나는 집에 틀어박혀 있고요."

뜻밖의 고백에 저는 너무 놀라 어안이 벙벙했습니다. 알고 보니 아이는 불행한 가정에서 성장하며 오랫동안 힘들어하다가 자신이 가지고 싶은 이상적인 가족의 모습을 꾸며서 이야기하기 시작한 것이었습니다. 아이가 거짓말을 하면 주위 사람들은 비웃기만 했습니다. 그런데 유독 상담사인 저 혼자만 의심 없이 그대로 다 들어주었다고 하더군요.

제가 "그런데 왜 거짓말이라고 고백하는 거니?"라고 묻자 아이는 이렇게 대답했습니다.

"선생님이 제 말을 믿어 주셨으니까요. 이렇게 제 말을 다 믿어 주고 기억까지 하는 사람은 선생님이 처음이에요. 누군가 나를 믿어 줄 수 있다는 걸 이제 깨달았어요. 기억조차 안 나는 거짓말도 하기 싫어졌고요. 그래서 앞으로는 거짓말 그만하려고요."

아이는 가정환경으로 인해 자존감이 낮아질 대로 낮아진 상태였기에 거짓말로 자신을 포장하며 가짜 자존감을 내세웠죠. 하지만 자신에게 믿음을 주는 사람을 만나자 스스로를 직시할 수 있었고 거짓말을 멈추기로 결심한 것입니다.

사실 상담사로서는 제가 실수를 한 것이라 할 수 있습니다. 거짓말을 알아채지 못하고 계속 아이 말을 들어주었으니까요. 하지만 그 실수가 오히려 자존감이 바닥이던 한 아이에게는 인생 처음으로 '가짜 자존감이 아닌 진짜 자존감을 가져야겠다'라는 생각을 가지게 된 출발점이 되어 주었습니다.

엄마가 아이를 존중하는 것, 그것은 아이의 자존감을 높이기 위한 가장 중요한 전제라고 할 수 있습니다. 아이는 엄마의 존중을 바탕으로 자존감을 키워 나가니까요.

그렇다면 아들의 자존감을 높이기 위해 어떤 대화가 필요한지 짐작이 되시지요? 그렇습니다. 엄마가 아이를 존중하는 대화를 해야 아이가 '아, 나는 존중받을 만한 사람이구나' 하는 인식이 생기겠지요.

그런데 이 지점에서 엄마들이 많이들 하시는 오해가 있어요.

아들의 자존심을 키운다며 '우리 애 기를 살려 줘야지' 하고 생각하는 것이요. 특히 아들 엄마들이 '아들은 씩씩하고 당당하게 키워야 한다'라는 무의식에 이런 오해를 하기 쉽습니다.

이런 생각을 가진 엄마는 아이에게 무조건 칭찬과 격려를 퍼붓습니다. 어떤 상황에서도 무작정 아이 편을 듭니다. 아이가 억지를 부려도 아이 의견대로 따릅니다.

이렇게 자란 아이가 자존감이 높은 남자로 자랄까요? 아니요. 그저 왕자병을 가진 남자가 될 뿐입니다. 언뜻 보기에 자존감이 높은 것 같지만 그것은 남들의 시선에 의존하는 가짜 자존감이지요. 자신의 내면에 단단히 다져 둔 진짜 자존감이 아니기에, 조금만 어긋나도 와르르 무너져 내립니다.

아이를 존중하는 것과 아이의 훈육을 방기하는 것은 다릅니다. 가령 아이가 장난감을 두고 친구와 다툼이 일어난 상황에서, 무작정 아이의 기를 살리려는 엄마는 "걔가 잘못했네. 다음부터는 걔랑 놀지 마. 그런 애하고는 놀 필요 없어"라고 하겠지요. 하지만 아이를 존중하는 엄마의 대화는 다릅니다. 아이의 설명에 귀 기울이고, 아이의 감정을 보듬어 준 뒤 훈육의 말을 잊지 않습니다.

"네가 먼저 장난감을 집었는데 걔가 가져가려고 했다고? 네가 좋아하는 장난감인데 친구가 달라고 해서 당황했겠구나. 그렇다

고 친구 손을 세게 때리는 건 어때? 안 되는 것 알지? 친구한테
같이 가지고 놀자고 하면 어떨까? 한번 말해 보자."

또 한 가지, 제가 강조드리고자 하는 것은 아이가 자신의 몸을
긍정하도록 하는 대화입니다. 자존감은 자신의 존재, 특히 자신
의 몸에 대한 긍정에서부터 시작되기 때문입니다.

아이가 자신의 몸을 긍정하도록 하는 대화는 아기 때부터 하
세요. 아이를 씻기면서 엄마가 "자, 이번엔 팔을 닦자. 다음엔
손을 닦자. 다음엔 발을 닦자" 하는 식으로 몸에 대한 이야기를
꺼내며 아이가 자연스럽게 몸을 인식하도록 해줍니다. 그러다
아이가 어느 정도 대화를 나눌 만큼 자랐을 때는 일방적으로
뽀뽀하기보다는 "엄마한테 뽀뽀해 줄래?" 하고 아이에게 동의
를 구하는 질문을 건넵니다. 네 몸은 남이 이래라 저래라 할 수
없는 소중한 것이라는 메시지를 주는 셈입니다.

아이가 2차 성징을 겪는 시기도 중요해요. 아이에게 일어나는
몸의 변화에 엄마가 지레 당황하지 말고 축하해 주어야 합니다.
저의 경우는, 아들이 남자에서 남성이 되는 첫 사정을 했을 때 파
티를 열어 주었답니다. 딸들에게 초경파티를 열어 주듯이 말이
지요. 이 파티의 이름은 존중파티였어요. 남성, 여성 모두 자신의
몸을 존중하라는 의미에서요.

지금 이 글을 읽는 분들 중에는 "어, 잠깐만. 이 이야기는 손경

이의 아들 성교육 책에서도 읽었던 것 같은데?" 하고 고개를 갸우뚱하실 분도 계실 것 같아요.

맞습니다. 제가 쓴 성교육 책에서 성교육의 첫 단계로 몸교육을 다루면서 말씀드린 바 있어요. 몸교육은 성교육의 첫 단계이기도 하지만 동시에 아이에서 어른이 되어가는 자존감 교육의 첫 단계이기도 하답니다.

앞에서 다룬 표현력, 공감력, 회복탄력성도 궁극적으로 자존감으로 연결된다고 할 수 있어요. 엄마가 아이에게 줄 수 있는 최고의 선물은 돈이나 학벌보다도 자존감일 거예요. 그러니 엄마가 하는 대화의 궁극적인 목적도 바로 자존감인 것입니다.

아들의 상호존중감을 일깨우는 대화

"어때, 엄마 대단하지?"

바로 앞에서 자존감을 일깨우는 대화에 대해 말씀드렸지요. 그런데 스스로에 대한 존중만 아는 것이라면 그 자존감은 반쪽짜리입니다.

그럼 나머지 반쪽의 자존감은 어떻게 해야 완성될까요? 타인의 자존감을 인식하고 타인을 존중할 때 완성됩니다. 즉 자신도 존중하고 다른 사람도 존중하는 사람으로 아이를 키워야 하는 것이지요. 바로 '상호존중감'이라고 표현할 수 있습니다.

아들이 가장 먼저 대하는 타인이자 가장 가까운 타인은 누구일까요? 네, 다름 아닌 엄마이지요. 그래서 아이에게는 엄마를 존중하도록 하는 대화가 필요합니다. 엄마를 존중함으로써 또 다른 타인도 존중할 수 있는 연습을 하게 되는 셈입니다.

제가 이런 말씀을 드리면 많은 엄마들이 "엄마와 자식 사이에 그런 게 굳이 필요한가요? 아들이면 엄마를 당연히 존중하겠죠" 하고 의아해하세요. 그런데 현실은 말이지요, 어릴 때부터 엄마를 존중하지 않는 아들들이 너무나 많답니다.

'엄마 몰카'라는 것을 아시나요? 초등학생 남자아이들이 엄마의 모습을 몰래 찍은 영상을 유튜브에 올리거나 자기들끼리 공유하는 것입니다. 엄마가 세수하고 민낯으로 나오는 모습, 엄마가 곤히 자는 모습 정도는 예사이고, 심하면 엄마의 엉덩이 부분을 확대한 모습, 엄마가 옷을 갈아입느라 속옷이 드러나는 모습까지 담겨 있습니다. 경악할 일이지요.

일부 아이들의 일탈이라고 넘어갈 문제가 아닙니다. 꼭 영상까지 가지는 않더라도 남자아이들이 또래들과 이야기하면서 엄마를 비하하는 것은 생각보다 흔한 일입니다. "어제 우리 집 미친×이 또 나한테 지×했다"라는 식으로 자신의 엄마를 비하하기도 합니다.

'느금마'라는 말로 친구의 엄마를 비하하는 경우도 있어요. 이는 '너희 엄마'를 줄인 말로 남자아이들 사이에서 일종의 욕설로 쓰입니다. '너희 아빠'라는 의미를 담은 욕설은 없는데 유독 '너희 엄마'라는 의미는 욕설이 된다는 사실에서 요즘 남자아이들 사이의 문화를 짐작할 수 있지요.

엄마에 대한 비하는 단순히 사춘기 때의 일탈 정도로 그치지 않습니다. 여성혐오로 이어지고, 사회적 약자에 대한 차별의식과 몰상식한 묻지마 폭행으로 이어지기 마련이에요.

하지만 엄마를 존중할 줄 아는 아이는 연인, 여자 친구, 여자 동료도 존중할 줄 압니다. 타인도 자신과 마찬가지로 자존감을 가진 한 인간임을 인식하기에 타인을 배려하고 예의를 갖춰 대합니다.

그러면 어떤 대화를 통해 아이가 엄마를 존중하도록 할 수 있을까요? 구체적인 대화에 앞서 먼저 엄마 자신의 자존감을 점검하세요.

많은 엄마들이 아이에게 미안한 마음을 가지고 살아갑니다. "엄마로서 더 해 주고 싶은데 그러지 못해서 항상 미안한 마음이에요"는 엄마들이 자주 하는 말이지요. 전업주부인 엄마는 '내가 바깥일도 안 하면서 아이한테 충분히 해 주고 있는 걸까' 하고 속상해하고, 일하는 엄마는 '내가 바깥일을 하느라 아이한테 소홀한 건 아닐까' 하고 속상해합니다.

이런 속상함은 당장 내다 버리세요. 대신 '지금 이렇게 노력하고 있는 것만으로도 이미 나는 충분히 좋은 엄마다'라고 스스로

아들과의 대화법

를 칭찬해 주세요.

이것은 곧 엄마들이 스스로 자존감을 갖추셔야 한다는 의미입니다. 엄마가 자존감을 가진 한 명의 주체적인 사람으로서 아이 앞에 당당해야 합니다.

엄마 자신이 자존감이 부족한 상태라면 그런 대화 기법을 아이에게 제대로 실천할 수 있을까요? 기껏 실천한들 아이가 그 대화에서 진정성을 느낄까요? 결국 아이는 반쪽짜리 자존감만 키울 뿐입니다.

엄마가 어떤 일을 통해 자아실현을 하거나 긍지를 가지는 행복한 모습을 아들에게 보여 주는 것도 좋습니다. 직업과 관련된 것일 수도, 살림과 관련된 것일 수도, 또는 취미나 봉사 활동일 수도 있습니다. 아들에게 엄마의 경험과 감정을 적극적으로 드러내 주세요.

"엄마가 이런 일을 해냈거든. 그래서 지금 무척 뿌듯한 마음이 들어."

"사람들이 엄마보고 많이 칭찬해 줬어. 어때, 엄마 대단하지?"

앞서 제가 몸교육이 아이 자존감 교육의 첫 단계라고 말씀드렸지요. 아이가 엄마를 존중하도록 하는 데도 몸교육이 무척 큰 역할을 합니다. 아이의 몸이 아이 자신의 것이듯, 엄마의 몸은 아이의 것이 아니라 엄마 자신의 것입니다. 아이가 이 점을 분명하게 인지하게 해야 합니다.

예를 들어, 엄마도 가끔은 아들과의 스킨십이 버거울 때가 있지요. 때로는 몸이 피곤해서, 때로는 머릿속이 복잡해서, 자꾸만 놀아 달라며 엉기는 아들이 부담스러운 마음이 듭니다. 그럴 때 '내가 엄마로서 아이한테 싫다고 할 수 없지' 하는 마음에 억지로 참지 마세요. 아이에게 차분하게 설명하면 됩니다. "엄마가 지금은 피곤해서 그냥 가만히 있고 싶어. 널 싫어해서 그런 게 절대 아니야. 엄마가 좀 쉬고서 기운을 차린 다음에 꼭 같이 놀아 줄게" 하고 말이에요.

아이가 처음에는 엄마의 설명을 이해하지 못하고 자꾸 조르며 떼를 쓸 수도 있습니다. 하지만 이런 경험을 계속하다 보면 아이도 엄마의 뜻을 금방 이해하고 천천히 엄마의 시간, 감정, 마음을 존중하면서 "그럼 엄마 나중에 괜찮아지면 놀아 줘요" 하고 말할 거예요.

이렇게 하면서 자연스럽게 아이는 엄마의 감정을 존중하는 연습을 하게 되는 것입니다. 이것이 곧 타인의 감정을 존중하는 연습이기도 합니다.

아들이 진정으로 갖추어야 하는 것은 반쪽짜리 자존감이 아닌 온전한 자존감입니다. 자존감이 높아야 사회·문화적으로 길들여진 폭력적인 남성으로 자라지 않을 수 있습니다. 스스로를 존중할 줄 알고, 또한 그런 만큼 타인 역시 존중할 줄 아는 것이 진짜 자존감입니다. 그것을 키워 주는 바탕은 무엇보다도 엄마의 자존감입니다. 남편에게도 이 책을 보여 주며 당부하세요. 아들을 위해서도 남편이 아내의 자존감을 세워 주는 것이 아주 중요하다고 말이지요.

아들과의 추억 갤러리

: 상장

초등학교 2학년 때 상장 모음판

칭찬을 좋아했던 초등학교 때의 상민

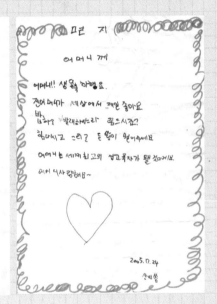

제 1호

상　　장

손정이

위 엄마는 아들을 잘 교
육시켰으므로 위 상장을
드립니다. 앞으로도 더
잘 하시기 바랍니다.

엄마의 아들 이상민

2004년 8월 29일

편지

어머니 께

어머니!! 생일 축하해요.
전 어머마 세상에서 제일 좋아요
밤하고 빨래수세트라 힘드시죠?
힘내시고 스트리? 들 풀이 줄어주세요
어머니는 세게 최고의 성교육자가 됬어요.
어서 더사랑해요~

2005. 17. 24

엄마가 받을 수 있는 최고의 상 아닐까요?

4부

엄마의 존중하는 대화가
아들을 평생 친구로 만들어요

– 유아기 아들과의 상황별 대화법

01

빤히 들여다보이는
거짓말을 하는 아들에게

"네가 솔직하게 말해야 우리 둘 사이가 좋아져."

엄마는 아들을 바른 사람으로 키우고 싶어 합니다. '내 아이가 비도덕적인 행동을 하면 바로잡아 줘야지' 하는 게 엄마의 당연한 마음입니다.

그런데 아이가 자꾸 거짓말을 합니다. 엄마로서는 당황스러운 노릇이지요.

'내가 애를 이렇게 나쁘게 키우지 않았는데….'

'애가 누구한테 거짓말을 배운 거지?'

엄마의 머릿속은 복잡해집니다.

하지만 거짓말은 아이가 자라면서 자연스럽게 시작하게 되는, 일종의 성장 과정 중 하나입니다. 자라면서 거짓말을 하지 않는 아이는 없어요. 아이의 거짓말을 걱정하는 엄마들도 정작 자신이 어렸을 때는 거짓말을 했는걸요. 거짓말을 전혀 하지 않았다면 그거야말로 진짜 거짓말일 수 있겠지요.

유아기 아이들의 거짓말을 잘 들어 보세요. 어떤 상황에서 어떤 거짓말을 하는지 살펴보세요. 꿈이나 희망사항을 현실과 혼동해 거짓말을 하기도 합니다. 과거와 현재와 미래를 혼동해서 거짓말을 하기도 합니다. 무언가를 표현하고 설명하다가 과장의 경계를 조절하지 못해 거짓말을 하기도 합니다.

이럴 때 엄마가 정색하며 "너 그런 적 없잖아. 그런데 왜 거짓말을 하니? 거짓말하면 못써!" 하고 지적하면 아이는 정서적으로 위축될 뿐입니다. 애초에 아이 스스로 거짓말이라는 인식조차 없이 한 행동이니까요. '엄마는 내가 말하는 게 싫은가 봐' 하는 불편한 감정만 아이에게 남게 될 뿐입니다.

아이가 의도가 빤한 거짓말을 하는 건 어떨까요? 대표적인 경우가, 무언가 집 안 물건을 망가뜨리거나 잃어버리고서는 "내가 한 거 아닌데" "어떻게 된 건지 난 몰라" 하고 거짓말을 하는 것입니다. 이 거짓말에는 엄마의 화를 모면하려는 의도가 담겨 있습니다. 또 다른 사람들 앞에서 자신이 가지고 있지도 않은 물건을 자랑하는 거짓말에는 환심이나 칭찬을 받고자 하는 의도가 담겨 있고요.

아무래도 이런 거짓말의 경우에는 엄마들이 좀 더 걱정이 되겠지요. 그냥 두었다가는 아이가 엇나갈 수도 있다는 걱정에 단단히 훈육을 하고자 벼르게 됩니다.

물론 아이의 잘못을 고쳐 주는 것이 엄마의 역할이지요. 하지만 조급해하지 않고 기다려 주는 것도 엄마의 역할입니다.

이런 거짓말 역시 성장 과정에서 충분히 나타납니다. 아직 인지 능력이나 상황 판단 능력이 충분하지 않다 보니 뒷일까지 생각하지 못하고 즉흥적으로 거짓말이 튀어나오는 거예요. 의도가 있다고는 해도 그걸 '상대를 속이려는 계획적 의도'라고 보는 것은 과잉 해석일 수 있답니다. 가끔 엄마가 화내는 것이 두려워 거짓말을 하는 경우도 있어요.

저도 제 아들이 의도가 빤히 보이는 거짓말을 할 때 걱정을 하였지요. 이때 "거짓말하지 마!"라고 화를 낸다고 아이가 거짓말을 안 하는 것이 아니라서 고민을 했어요.

무엇보다 저는 아이의 의도 자체에 주목해서 엄마로서 저를 돌아보았어요. 혹시 내가 아이의 실수에 너무 예민하게 반응했던 것은 아닌가, 아이가 나를 무서워하는 것은 아닌가, 아이가 꼭 사고 싶어 하는 물건을 내가 외면하고 있었던 것은 아닌가 하고요.

그리고 그 부분에 대해 아이와 대화를 나누었어요.

"엄마가 혼낼 때 많이 겁났어?"

"그거 우리 집에 있었으면 좋겠어? 친구들한테 자랑하고 싶었니?"

이때 상황에 따라 "엄마는 네가 솔직하게 말하는 게 좋더라" "솔직하면 엄마가 화를 내지 않을게. 네가 도와줄 수 있겠니?" "말하지 않으면 너에 대해 잘 모르니, 엄마한테 네 마음을 말로 잘 알려 줄 수 있겠니?" 하고 넌지시 말하는 경우는 있어도 "그런 걸로 다시는 거짓말하면 안 돼, 다음부터는 혼낼 거야" 하는 경고성 말을 하는 것은 멈추게 되었답니다.

그런데 제가 많은 엄마들을 상담하다 보니, 아이의 거짓말에 유독 격하게 반응하시는 아들 엄마들이 종종 있더라고요. 엄마라면 으레 할 법한 걱정의 수준을 넘어서 분노의 감정에 휩싸이는 것입니다.

한 엄마는 얼굴이 하얗게 질려서는 "우리 애가 입만 열면 거짓말을 해요. 나중에 사기꾼이 되면 어떡하죠?" 하고 토로하시더군요. 엄마의 버럭 소리에 기가 죽은 아들의 얼굴도 하얗게 질려 있었지요. 하지만 엄마가 심각한 말투로 줄줄이 설명하는 사례들을 들어 보니 아들이 특별히 타고난 거짓말쟁이라고 할 수 없었어요. 그저 또래 아이들이 하는 정도의 거짓말들이었지요.

보통 엄마들은 화의 척도로 3~5 정도 표현하는데 8~12 정도로 화를 내는 엄마가 종종 있었답니다.

이런 엄마들을 만나면 저는 이렇게 말씀드립니다.

"지금 아이가 아니라 엄마에게 문제가 있는 듯해요. 혹시 거짓말과 관련된 트라우마가 있으실까요?"

알고 보니 이 엄마는 어릴 적 부정을 저지르다 결국 가정을 저버린 아버지로 인해 큰 상처를 받았습니다. 아버지가 가족들에게 거짓말을 했다는 사실에 '거짓말은 무조건 나빠' 하는 강박을 가지게 된 것입니다. 그런데 자신의 아들이 거짓말을 하니 하늘이 무너지는 심정이었던 것이지요.

누군가의 거짓말로 인해 트라우마를 갖게 된 엄마는 아이의 거짓말에 필요 이상으로 과하게 반응했습니다. 그런데 이것은 훈육이 아니에요. 아이가 엄마의 화풀이 대상이 된 것뿐이지요.

엄마 자신의 문제임을 인정한 이후라도 곧바로 자제하기는 쉽지 않아요. 트라우마란 깊게 뿌리박혀 있기 마련이거든요. 그럴 때는 아이에게 엄마의 상황을 솔직하게 이야기해 주세요.

"화에는 0부터 10단계가 있어. 그런데 네가 거짓말을 하면 엄마는 9만큼 화가 나. 너무 심하게 화를 내는 거라서 엄마도 미안하게 생각해. 엄마가 고치려고 많이 노력하고 있어. 그러니까 너도 엄마한테 거짓말을 하지 않도록 도와주면 좋겠어. 너의 도움이 필요해. 도와줄 수 있겠니?"

아마 아이의 거짓말은 엄마들이 가장 흔하게 맞닥뜨리는 고민들 중 하나일 거예요. 거짓말 하나하나에 예민하게 반응하기보다는 좀 더 넓은 시각에서 보시기를 권해 드립니다. 그것이 바로 자녀에게 '도움 요청하기'입니다. 아이의 거짓말을 심각하게 받아들이고 대처하는 것은 아이가 조금 더 큰 이후에 하셔도 충분합니다. 아이가 초등학생이 되고 나서 한 거짓말에 저도 여러 날 밤잠을 설치며 고민하기도 했답니다. 그 부분은 5부에서 말씀드리겠습니다.

02

입이 짧아서 밥을
잘 안 먹으려는 아들에게

"언제 먹고 싶은지, 무얼 먹고 싶은지 네 생각을 편하게 말해."

엄마가 차려 준 밥을 맛나게 먹는 아들을 보면 엄마는 뿌듯합니다. 반면 아이가 잘 먹지 않고 깨작깨작하다 숟가락을 놓으면 엄마는 속이 터집니다. "먹기 싫어" 하고 도리질하는 아이와 실랑이하다 보면 진이 다 빠지지요.

제 아들도 입이 참 짧았어요. 기껏 맛나게 밥을 차려 주어도 아들 녀석은 먹는 둥 마는 둥 하기 일쑤였고, 저는 "자, 한입만 먹자. 아~" 하고 아들을 졸졸 따라다니곤 했습니다. 사정사정해서 한 숟가락 먹일 때마다 내가 지금 대체 뭐하는 짓인가 싶더라고요.

이대로는 힘만 들고 별 효과도 없겠구나 싶어 방법을 바꾸기로 했습니다. 아이에게 "먹어야 해" 대신 다른 말을 건네기 시작했지요.

첫째, 밥 먹을 시간을 아이 스스로 선택하게 하는 말이었습니다.

"지금 먹기 싫어? 그럼 언제 먹을래?"

"이따가 먹을래."

"이따가 언제 먹을까? 30분 후에 먹을까?"

"응, 30분 후에 먹을게."

"그래, 엄마랑 약속한 거다."

일방적으로 정해져 있는 시간을 따르는 것이 아니라 자신이 식사 시간을 정했기에 아이는 책임감을 느끼게 됩니다.

이렇게 했다가 아이의 식사 습관이 어그러지면 어쩌나 하는 걱정이 되실 수도 있어요. 하지만 이 시기 아이들에게는 조금 유연하게 대처해 주어도 괜찮습니다. 성장하면서 자연히 일반적인 식사 패턴에 적응하기 마련입니다.

둘째, 무엇을 먹을지 아이 스스로 선택하게 하는 말이었습니다.

"여기 반찬들 중에서 네가 먹을 거 골라 봐. 1번 시금치. 2번 우엉. 3번 당근."

"음… 3번!"

"3번 당근 당첨! 오늘은 당근을 골랐네."

"응, 당근 먹을 거야."

"네가 고른 걸로 줄게. 자, 당근."

여기서도 마찬가지로 아이는 책임감을 느끼게 됩니다. 엄마가 차려 준 것을 모두 먹어야 하는 의무가 아니라, 먹을 것과 안먹을 것을 스스로 나눌 권리가 주어졌기 때문이지요.

셋째, 마트에서 무슨 음식 재료를 살지 아이가 스스로 선택하게 하는 말이었습니다.

"엄마가 빵 사려고 하는데 뭐가 좋을까? 무슨 빵 먹고 싶어?"

"식빵 먹고 싶어."

"식빵도 종류가 여러 가지인데? 그냥 식빵? 우유식빵? 호두식빵? 어떤 거 할까?"

"우유식빵."

"그래, 우유식빵 사서 샌드위치도 만들어 먹자."

마트에서 장을 볼 때 아이를 데려가서 각종 식재료를 앞에 두고 이런 대화를 나누었습니다. 그러자 아이는 자신이 먹는 음식이 갑자기 뚝딱 등장한 것이 아니라 다양한 식재료를 조리한 결과물이라는 것을 인식할 수 있었습니다. 그러면 식탁 위에 차려진 음식을 보는 시각과 대화도 달라지지요.

이것은 일종의 경제교육의 역할도 했습니다. 엄마와 함께 장을 보다 보면 식재료의 가격까지 알게 되니까요.

넷째, 어떻게 요리를 하는지 아이 스스로 체험하게 하는 말이었습니다.

"오늘 만들 요리는 감자 샐러드야. 먼저 감자부터 다듬어야겠네."

"엄마, 내가 감자 껍질 다 벗겼어."

"와, 잘했다. 다음 차례는 뭐지?"

"감자를 삶아야 한대."

"그럼 뜨거운 물에 담가야겠구나. 자, 조심조심."

문화센터의 어린이 요리 교실에 가서 함께 대화를 나누며 다양한 요리도 만들었습니다. 그랬더니 집에서 엄마가 요리하는 것에 관심을 보이더군요. 아들이 요리라는 행위를 친숙하게 느끼면 그 결과물인 음식에도 보다 흥미를 느낍니다.

이런 다양한 노력 속의 대화들을 통해 저는 아들의 식습관을 상당히 개선시킬 수 있었어요. 아들은 여전히 입이 짧은 편이지만 적어도 밥 한 숟가락을 가지고 피곤하게 실랑이를 벌이는 일은 점점 줄어들었지요.

저는 아들을 '엄마가 차려 준 밥을 먹어야 하는 대상'이 아니라 '자신이 원하는 방식으로 먹을 수 있는 주체'로 존중해 준 셈입니다. 아들과의 이런 대화들은 일차적으로는 식습관 교육이었지만 큰 틀에서는 자존감 교육이자 일상의 자기결정권 교육이었다고도 할 수 있습니다.

제 여동생의 사례도 들려드릴게요. 유치원생이었던 조카아이가 어느 날 엄마에게 큰 냉장고에서 늘 음식을 꺼내 달라고 해서 엄마를 귀찮게 하니 미니 냉장고를 사 달라고 하더랍니다. 자신의 간식은 알아서 꺼내 먹고 싶다고요. 제 여동생은 아이의 소원을 들어주었습니다.

미니 냉장고를 갖게 된 이후 제 조카아이에게는 어떤 일이 벌어졌을까요? 아무 때나 간식을 먹을 수 있게 되었으니 자꾸만 간식에 손을 댔을까요? 처음 며칠은 신기한 마음에 그러기도 했다고 합니다. 하지만 곧 자기가 알아서 조절하기 시작했다고 해요. 조카는 이모인 저를 보더니 자신의 냉장고를 자랑하면서 자신이 마트에서 골라 온 아이스크림을 직접 건네주더라구요. 그러는 조카의 모습이 귀여워서 웃었던 기억이 나네요.

아이가 입이 짧다고 해서 당장 영양실조에 걸리는 것도 아니고 성장에 문제가 생기는 것도 아닙니다. 아이에게 식사 자율권을 허용한다고 해서 아이가 평생 식사 습관을 못 잡는 것도 아니

아들과의 대화법

고 자제력을 잃는 것도 아닙니다. 아이가 밥을 잘 안 먹으면 엄마 입장에서 속상한 것은 당연한 일이지만, 그래도 좀 더 넓은 시각에서 멀리 본다면 조바심을 내려놓으실 수 있을 겁니다.

그렇게 입이 짧아서 저를 애먹였던 아들은 별탈 없이 쑥쑥 자라나 지금은 건장한 20대 청년이 되었습니다. 자기 밥은 알아서 잘 챙겨 먹을 줄 알고 가끔 요리를 직접 해서 엄마 밥과 반찬까지 챙겨 준답니다. 조카는 이제 커서 그 미니냉장고를 간식용으로 사용하지 않습니다. 대신 제 여동생과 조카의 화장품 보관 냉장고로 쓴다고 하네요.

03

자기 물건에 집착하고
양보하지 않으려는 아들에게

"네 물건에 대한 너의 선택을 존중해."

아이들에게는 엄마와의 관계도 중요하지만 형제자매나 친구 등
또래와의 관계도 중요하지요. 아이가 또래들과 사이좋게 지내면
좋겠다는 게 당연한 엄마 마음이지만 아이들 사이에는, 특히 아
들에게는 자주 다툼이 일어나기 마련이에요. 가장 흔한 상황이
장난감이나 미술 도구 같은 물건을 서로 자기가 쓰겠다고 하다
가 싸움이 벌어지는 것이지요.

아들에게 나이 차이가 적은 형이나 누나, 동생이 있으면 집 안
이 허구한 날 이 문제로 시끄러울 수 있습니다. 한 엄마는 매일
이런 싸움을 중재하는 게 일이라고 한숨을 쉬시더군요.

제 아들은 외동이지만, 외동아이에게도 나름의 또래 사회생활은 있고, 집에 친구들을 데려와서 놀다 보면 "그건 만지지 마!" 하는 소리가 나오기 마련이었습니다.

이런 문제가 생겼을 때 엄마들이 아이에게 하는 말이 있어요.

"네가 형이니까 동생한테 좀 양보해라."

"네가 동생이니까 형한테 양보하자."

"친구가 놀러 왔는데 네가 양보할 줄 알아야지."

바로 '양보'라는 단어를 많이 사용하실 거예요.

아이가 자발적으로 하는 양보는 칭찬받아야 하지요. 하지만 엄마가 강권해서 억지로 하는 양보라면 그건 양보가 아니에요. 오히려 아이가 자기 권리를 침해당한 것이지요. 엄마가 아이의 권한을 침범한 겁니다.

이런 상황에서 엄마들이 종종 하는 최악의 말은 이겁니다.

"너 이거 엄마가 사 준 거잖아. 그러니까 엄마 말 들어야지."

아무리 엄마가 사 준 물건이라고 해도 아이 손에 쥐어진 순간 그 물건의 소유권은 아이에게 있어요. 그 물건을 어떤 식으로 사용할지는 전적으로 아이가 결정할 수 있죠. 당연히 다른 사람의 사용을 허락해 줄지도 아이가 결정할 수 있는 부분입니다.

저는 아이에게 무언가를 사 주었을 때는 그 물건에 이름표를 붙여 주었어요. 그리고 이렇게 말해 주었지요.

"이건 이제 네 거야. 네 물건이니까 소중하게 다루자."

이 말을 한다는 것은 곧 '이 물건은 너의 책임하에 있다'라는 메시지를 아이에게 주는 것이자, '엄마는 이 물건을 너의 것으로서 존중하겠다'라고 저 스스로 다짐하는 것이기도 했습니다.

아이의 물건을 가지고 친구들과 다툼이 생기면 저는 아이에게 물어보았습니다.

"친구가 이걸 가지고 놀고 싶어 하네. 빌려줘도 될까?"

아이가 소유권을 가진 물건이니까 당연히 아이에게 허락을 구한 것입니다. 아이가 "응" 하고 고개를 끄덕이면 상황은 쉽게 풀렸습니다. 하지만 아이가 싫다고 도리질을 하면 아이의 판단을 존중해 주었습니다. 대신 다른 대안을 제시했습니다.

"그럼 다른 장난감 중에서 친구한테 빌려줄 만한 게 있을까?"

아이에게 일종의 협상을 요청한 것이지요. 이때 아이에게 "네가 직접 골라 줄래?" 하고 먼저 선택하도록 하되 아이가 머뭇거리면 "이건 어떨 것 같아?" 하고 엄마가 예시를 줄 수도 있습니다.

이렇게 선택의 여지가 주어졌을 때 아이들은 매몰차게 굴지 못합니다. 애초에 어떤 악의가 있는 게 아니기 때문에 전부 다 안 된다는 식으로 나오지는 않습니다.

그리고 아이가 양보를 선택하든, 무언가 다른 장난감을 선택하든 아이가 보는 앞에서 상대 아이에게 설명해 주었습니다.

　　　　　　　　　　　　　아들과의 대화법

"상민이가 널 배려해서 자기 장난감을 양보해 주기로 했어. 너도 상민이를 배려해서 소중하게 써 줘."

"상민이가 저 장난감 대신 다른 걸 빌려주려고 해. 이것도 상민이 물건이니까 소중하게 가지고 놀면 좋겠어."

이렇게 엄마가 설명해 주는 것은 남자아이들 사이에 서로 감정이 상하고 사이가 틀어지는 것을 막기 위해서입니다. 장난감을 빌려준 아이는 그 나름대로, 원하는 장난감을 못 가지고 놀게 된 아이는 그 나름대로 억울한 마음이 남을 수 있기 때문에 '지금 우리는 서로를 존중한 것이다'라고 엄마가 대화로 남자아이들 사이를 교통정리해 주는 셈이지요.

엄마들은 내 아이가 자기 물건을 기꺼이 양보하는 '착한 아이'가 되기를 바랍니다. 하지만 엄마가 아이의 소유권을 무시하고 양보를 강요해 보았자 착한 아이가 될 리 만무합니다. 대신 '존중을 모르는 아이' '자기결정권을 모르는 아이'가 되어 버립니다.

기꺼이 양보하는 착한 아이가 될지 말지는 아이 스스로의 판단에 맡기세요. 착한 아이가 되지 않아도 괜찮아요.

엄마가 할 일은 '착한 아이'로 키우는 것이 아니라 '남도 존중하고 나 자신도 존중하는 아이' 즉 상호존중하는 아이, '자신의 자기결정권을 내세울 줄 알고 남의 자기결정권도 인정할 줄 아는 아들'로 키우는 것입니다.

04

사 달라고 무리하게
떼를 쓰는 아들에게

"울지 말고 말로 하면 엄마가 생각해 볼게."

장을 보러 마트에 갔습니다. 카트를 밀고 가다가 장난감 코너 쪽으로 눈길이 갔습니다. 제 아들은 이미 성인인지라 장난감과는 거리가 멀지요. 그럼에도 눈길이 간 것은 요란한 소리가 들려왔기 때문이었습니다. 한 남자아이가 엄마 손을 잡아끌며 큰 소리로 떼를 쓰고 있더군요. 아이는 거의 주저앉은 채 "저거 갖고 싶단 말이야! 엄마, 나 사 줘!" 하고 울고불고했고, 그 엄마는 "가자니까 그러네. 애가 정말…" 하며 어쩔 줄을 몰라 했습니다.

마트나 백화점에서 심심치 않게 보게 되는 광경입니다. 여러분 중에 이런 광경의 당사자가 되어 본 분도 있을 겁니다.

상담을 하다 보면 "손경이 선생님은 아이가 뭘 사 달라고 떼를 쓸 때 어떻게 하세요?"라는 질문을 종종 받습니다. 그럴 때면 저는 적당히 대답을 얼버무렸습니다. 제 아들은 그런 적이 없었거든요. 제가 먼저 물어도 오히려 고개를 젓곤 했습니다.

"아들, 엄마 지금 쇼핑 가는데 뭐 사 줄까?"

"아니, 안 사 줘도 돼."

"왜? 갖고 싶은 게 하나도 없어?"

"괜찮아. 엄마 돈 없잖아."

싱글맘으로 오로지 혼자 힘으로 아들을 키우다 보니 저희 집 살림은 항상 빠듯했지요. 저는 그런 사실을 아들에게 숨기지 않았습니다. 자칫 하소연이나 푸념이 되지 않도록 조심하며 담담하게 설명해 주었습니다.

어린아이라도 가족의 일원으로서 집안 경제 상황을 공유할 필요가 있다고 생각했거든요. 아들을 경제관념을 갖춘 남성으로 키우고 싶었기 때문이기도 하고요.

물론 아들이 그렇게 고개를 저을 때 안쓰러운 마음이 왜 없었겠어요. 비록 아들의 말투에서는 어떤 아쉬움도 배어 나오지 않았지만 엄마로서 참 많이 미안했습니다.

그런데 아들이 다 크고 나서 돌이켜 생각해 보니 제가 아들에게 확실한 신호를 준 셈이었더라고요. 바로 이 신호 말입니다.

'엄마한테 사 달라고 떼를 써도 아무 소용이 없다.'

사실 떼를 쓰는 것 자체를 즐기는 아이는 이 세상에 없습니다. 떼를 쓰는 행위는 아이 입장에서 육체적으로나 정신적으로나 에너지가 많이 드는, 피곤하기 짝이 없는 일이거든요. 아이가 오랫동안 심하게 떼를 쓰다 보면 진이 빠져서 탈진하다시피 하는 경우도 있잖아요.

아이는 왜 이렇게 피곤한 일을 자처하는 걸까요? 답은 간단합니다. 그렇게 피곤한 일을 하는 만큼 대가가 돌아오니까요. 그 대가란 아이가 원하는 것을 엄마가 사 주거나, 무언가 다른 보상이라도 얻는 것이지요.

즉 떼를 쓰는 아이의 엄마는 아이에게 이런 신호를 주고 있었던 것입니다. '엄마한테 사 달라고 떼를 쓰면 큰 효과가 있다.'

마음이 여린 엄마나 남에게 폐 끼치는 것을 극도로 꺼리는 엄마일수록 아이에게 이런 신호를 주기 쉽습니다. 아이가 힘들게 떼를 쓰는 모습을 보고 있는 것도 힘들고, 더구나 아이가 공공장소에서 떼를 쓰면 지나가는 사람들한테 '맘충'이라 손가락질 받을까 두렵습니다.

그렇다 보니 이 상황을 빨리 끝내기 위해 "그래그래, 사 줄게. 얼른 일어나" 하고 허락해 버립니다.

"그건 비슷한 거 있으니까 다른 걸로 골라. 다른 걸로 사 줄게."

"대신 맛있는 거 사 먹자. 아이스크림 먹으러 갈까?"

이렇게 협상을 하기도 합니다. 바로 이것이 다음에도 또다시 아이가 떼를 쓰게 하는 신호가 됩니다.

아이의 떼를 멈추게 하는 방법은 명확합니다. 지금까지와는 다른 신호를 주는 것입니다. 아이가 떼를 써도 아무런 대가가 돌아오지 않게 하는 것이지요.

꼭 저처럼 가정 경제의 현실을 아이에게 말하라는 의미가 아닙니다. 저야 정말 사정이 어려워서 그렇게 말하긴 했습니다만, 여러분 중에는 저 같은 상황이 아닌 분이 더 많겠지요. 실제로는 집안이 어렵지도 않으면서 아이 앞에서 엄살을 피우는 것은 통하지 않습니다. 더구나 이미 떼를 쓰는 것이 습관이 된 아이에게는 더더욱 통할 리 만무합니다.

아이가 엄마에게 떼를 쓰는 대신 엄마와 대화를 하도록 유도해야 합니다. 아이가 떼를 쓰면 당황하지 말고 차분한 태도로 '대화라는 방법이 있다'라는 사실을 알려 주세요.

"울지 말고 엄마한테 말해야지. 그러면 엄마가 생각해 볼게."

이런다고 아이가 곧장 멈추지는 않을 겁니다. 아이는 그동안 익숙했던 신호를 떠올리며 계속 떼를 쓸 거예요. 그래도 흔들리지 마세요. 오직 대화만이 해결책이라는 점만 계속 알려 주세요.

시간이 걸리더라도 결국 아이는 엄마의 새로운 신호를 받아들일 거예요. 아이도 떼를 쓰는 행위에 피곤함을 느끼기에 마냥 버틸 수는 없거든요. 아이가 떼를 멈추고 대화를 시작하면 주의 깊게 들어주세요. 만약 아이가 사 달라고 하는 것이 사 줄 만하다고 판단되면 사 주되, 다시 한 번 새로운 신호를 강조해 주세요.

"네가 전처럼 떼를 쓰지 않고 엄마한테 말로 표현하니까 이렇게 엄마가 사 주는 거야."

아무래도 아이가 원하는 것을 사 줄 수는 없겠다고 생각되면 사 주지 않으셔도 좋아요. 대신 아이에게 그 이유를 충분히 설명해 주세요.

"지난 주말에도 장난감 샀으니까 지금 또 살 수는 없어. 넌 이미 장난감이 많기 때문에 자주 사는 건 안 된다고 생각해. 그래도 다음에 또 이렇게 말로 표현하면 엄마가 사 줄 수도 있어."

다른 보상을 해 주는 것도 좋습니다. 아이가 떼를 쓰는 대신 대화를 한 것에 대한 보상인 셈이지요. 그 보상은 칭찬일 수도 있고 작은 선물일 수도 있어요.

"네가 엄마 부탁대로 말로 표현해서 엄마는 참 고마웠어. 그러니까 엄마가 맛있는 거 사 줄게."

아이의 떼를 받아 주지 않을 때 엄마도 덩달아 감정을 앞세우지는 마세요. 그래선 절대 안 됩니다. "너 이런다고 엄마가 사 줄 것 같아? 어림도 없어! 지금 당장 울음 그쳐!" 하고 화를 내는 것도, "어디 너 하고 싶은 대로 해봐. 엄만 너 버리고 그냥 가 버릴 거야" 하고 협박하는 것도 안 됩니다. "어휴, 사람들이 너 흉보는 거 봐라. 저기 아저씨가 이놈 하신다" 하고 자존감을 건드리거나, 면박을 주는 것도 안 됩니다.

이런 말들은 대화가 아니라 권위적이고 폭력적인 방식의 통제나 지시이기 때문입니다. 그 순간 아이의 떼는 멈출 수 있을지는 몰라도 더 큰 부작용을 가져옵니다. 아이가 문제 해결 수단으로서의 대화 방식을 익히지 못하게 합니다.

아이가 무언가를 사 달라고 떼를 쓰는 상황을 가지고 지금까지 말씀드렸습니다만, 이 방법은 어떤 이유로든 간에 아이가 떼를 쓰거나 짜증을 내거나 소리를 지르는 상황에서 두루두루 적용하실 수 있답니다. 적용할수록 효과를 보실 거예요.

05

일 나가는 엄마와
떨어지기 싫어하는 아들에게

"엄마가 밖에서 하는 일을 존중해 줘."

혼자 힘으로 아이를 키우던 시절에 저를 가장 힘들게 한 것은 경제적으로 빠듯한 것도 아니었고, 강사로서 이곳저곳 돌아다니느라 피곤한 것도 아니었습니다. "엄마, 오늘은 일 나가지 말고 나랑 같이 놀자" 하고 부탁하는 아이를 떼어 놓고 나가야 하는 것이었지요.

하루는 한창 나갈 준비를 하는데 화장품이 보이지 않았습니다. 사람들을 대해야 하는 직업이라서 맨 얼굴로 나갈 수는 없는 터라 무척 당황했어요. 하지만 화장품을 찾는 데는 그리 오랜 시간이 걸리지 않았습니다. 엄마가 난감해하는 모습을 보고는 아들이 고백하더군요. "엄마 화장품, 사실은 내가 숨겼어"라고요.

제가 일을 나갈 때마다 먼저 화장을 하니까 아이가 자기 딴에는 머리를 썼나 봅니다. 화장품이 사라져서 화장을 하지 못하면 엄마가 나가지 않고 집에 있겠지 하고 생각한 것이지요. 그날 차를 몰고 가면서 마음이 너무나 쓰렸습니다. 이후로 저는 아들에게 화장하는 모습을 보여 주지 않고자 화장품을 차로 옮겨 놓고 차 안에서 화장을 했습니다. 지금도 종종 그 일이 떠오를 때마다 울컥하곤 합니다.

오늘도 대한민국의 수많은 워킹맘들이 그때의 저와 같은 감정을 느끼며 출근하실 겁니다. '아이한테 너무 미안한데… 내가 과연 잘하고 있는 걸까' 하고 생각하며, '돈을 버는 것이 잘하는 것일까' 하고 엄마인 자신을 의심하면서 무거운 발걸음을 옮기실 겁니다.

저라고 왜 미안한 마음이 없었겠어요. 하지만 그럼에도 저 자신이 일하는 엄마라는 사실을 아이가 분명히 인식하고 존중하도록 하고자 했습니다.

애초에 제게는 일을 그만둔다는 선택이 불가능하긴 했지요. 제가 일을 그만두면 당장 우리 두 식구가 함께 손가락을 빨아야 하는 상황이었으니까요. 그리고 저는 어차피 일을 해야 하는 현실이라면 '먹고살기 위해 어쩔 수 없다'라는 자세로 일하고 싶지 않았어요. '다른 사람의 삶에도 도움을 주고, 우리 가족의 생활에도 도움이 되며, 자식에게 좋은 모델로서도 본을 보여 줄 수 있어서 엄마로서 굉장히 뿌듯하다'라는 자세로 일하고 싶었습니다.

그래서 평소에 아이에게 엄마가 어떤 일을 하는지 구체적으로 알려 주는 것은 물론이고, 엄마가 일을 하는 이유, 일을 해야 하는 필요성에 대해서도 자주 이야기하곤 했습니다. 이때 경제적인 부분도 분명히 알려 주되, 일이 제게 주는 보람 역시 함께 강조했습니다.

"엄마는 힘들어하는 사람들에게 조언을 해 주기도 하고, 사람들이 힘든 일을 겪지 않도록 미리 교육해 주기도 해."

"엄마가 하는 일을 사람들이 좋아해 주고 엄마 말을 듣고 싶어 해. 그 일로 돈을 벌어 우리가 밥을 먹을 수 있고 필요한 것도 살 수 있어. 네가 쓰는 돈은 모두 엄마가 일을 해서 나오는 거야."

"돈도 중요하지만 엄마가 일을 하는 건 꼭 그것 때문만은 아니야. 엄마는 지금 하고 있는 일이 참 좋아. 세상에 보탬이 되는 일이라고 생각해."

"엄마는 사람들을 만나서 이야기를 나누고 도움을 주고 나면 엄마가 더 에너지를 받는 느낌이야. 일을 하면서 엄마도 많이 배우는 것 같아."

일을 마치고 집에 돌아온 다음에는 피곤해도 아이에게 그날

아들과의 대화법

무슨 일이 있었는지 이야기해 주었습니다. 서로의 하루를 공유하기 위해서이기도 했고, 아이에게 저의 일을 좀 더 구체적으로 이해시켜 주고자 하는 마음이기도 했습니다.

일을 하다 고민되는 부분이 생겼을 때도 솔직하게 털어놓았습니다. 그러면 아이는 엄마의 고충에 공감해 주었고, 때로는 조언도 해 주었습니다.

"오늘은 학교에서 강연했는데 엄마가 좀 잘못한 것 같아. 애들이 집중을 잘 안 하더라."

"그래? 자기들끼리 막 떠들었어? 엄마 속상했겠네."

"떠든 것까지는 아니고. 애들이 지루해하더라고."

"그럼 내가 최근 유행하는 말 아는데 알려줄게. 엄마가 그런 말도 좀 하고 재밌는 걸 보여 주면서 설명하면 어떨까?"

이렇게 제가 저의 일을 설명하고 들려준다고 해서 엄마를 향한 아이의 그리움과 아쉬움이 완전히 해소되었을까요? 그건 아니었겠지요. 하지만 이러한 대화를 통해 아이는 엄마의 일을 이해할 수 있습니다. 그렇기에 엄마가 일을 나가느라 옆에 없다는 사실이 아쉽긴 해도 엄마의 선택을 존중해야 한다는 것도 배웠고요. 아들이 힘들어하는 저를 도와주는 수준까지 발전하면서는 저를 통해 간접적 사회 경험도 하게 되었답니다.

아들과 이런 대화를 나눌 때는 전제가 있습니다. 엄마도 평소 아들을 존중해 주어야 합니다. 엄마는 아들의 방식이나 선택을 별로 존중하지 않으면서 아들에게 일방적으로 엄마의 일을 존중하라는 것은 어불성설이지요. 아이는 억울하고 원망스러운 마음만 커지게 됩니다.

시간이 흘러 제 아들은 성인이 되어 자신의 일을 가지게 되었습니다. 요즘 아들은 자기가 어떤 일을 하는지, 일을 하며 누구를 만났는지, 일을 할 때 어떤 점이 힘든지 제게 속속들이 말합니다.

예전에 제가 아들에게 제 일을 이야기했듯, 이제는 아들이 제게 자기 일을 이야기하는 것이지요. 저와 비슷하게 성인 아들을 둔 엄마들 중에는 "애가 뭘 하고 다니는지 통 얘기를 안 해요" "애가 표정이 안 좋은데, 회사에서 무슨 일이 있는 건지 말을 안 하려고 해요" 하고 고민하시는 분들이 많은데 저는 그런 고민을 하지 않으니 아들에게 고맙게 생각합니다.

지금 엄마가 아들에게 한 말을 훗날 아들이 엄마에게 하게 되는 법이랍니다. 그러니 엄마의 일에 대해 아이에게 들려주세요. 각각의 직업을 존중하는 사람, 특히 엄마의 직업을 존중하는 아들, 여성의 직업을 인정하는 남성으로 길러 주세요.

06

엄마에게 혼나서
풀 죽어 있는 아들에게

"네가 뭘 잘못한다 해도 엄마는 있는 그대로의 널 사랑해."

아들을 혼낼 때는 잘 마무리하는 것이 중요합니다. 이유가 어찌 되었든, 과정이 어찌되었든 아이에게 혼나는 일은 썩 유쾌하지 않으니까요. 엄마에게도 마찬가지로 아이 혼내기가 유쾌하지 않습니다. 혼내는 것이 좋다는 엄마가 있을까요. 그렇기에 혼을 낸 다음에 마무리가 잘 이루어져야 비로소 '잘 혼냈다'라고 할 수 있습니다.

한 아들 엄마는 저를 붙잡고 이렇게 토로하셨어요.

"아들은 저한테 혼나고 난 다음에는 꼭 '엄마는 날 안 사랑해'라고 하지 뭐예요. 제가 놀라서 '무슨 소리야, 엄마는 널 사랑하

지'라고 하면 아들은 '아니야, 안 사랑하는 거야'라고 재차 강조
해요. 애가 그러면 죄책감이 느껴지고 혼내는 걸 주저하게 돼요.
그러다 '저 녀석은 엄마 맘도 모르고' 하는 억울함에 울컥해서 더
혼내기도 하고요."

　모든 아이의 마음속에는 '엄마가 나를 사랑하지 않으면 어떡
하지' 하는 두려움이 자리하고 있어요. 엄마의 무관심이나 학대
를 겪지 않아도 본능적으로 내재되어 있는 거예요. 아이는 엄마
의 보살핌을 받아야 생존할 수 있기 때문이지요.

　제게 상담을 받은 많은 아이들도 이런 두려움을 표현하곤 했
어요.

　"선생님, 우리 엄마가 날 사랑하지 않는 것 같아요."

　"엄마가 날 버릴까 봐 걱정돼요."

　꼭 상담을 받을 정도로 갈등이 심한 상황은 아니라 해도, 아이
는 일상적으로 혼이 날 때조차 이런 두려움에 휩싸이곤 해요. 엄
마는 "아니, 제가 그런 건, 애가 잘못한 게 있으니까 그런 거고 평
소에는 당연히 안 그러는데요" 하고 펄쩍 뛰요. 하지만 아이는
어른들처럼 논리적으로 생각하지 못하거든요. 엄마가 혼을 내면
'아, 내가 잘못을 저질러서 엄마가 저러는구나. 반성하고 다시는
그러지 말자' 하고 차분하게 생각하지 못해요. 그저 본능적인 두
려움에 휩싸이면서 '엄마는 날 사랑하지 않는구나' 하는 생각에

사로잡히게 됩니다.

그러니까 혼을 내지 말라는 말씀이 아니에요. 그만큼 혼을 낸 다음에 엄마의 행동이 중요하다는 거예요.

아이를 혼낸 다음에 저는 일단 '엄마는 너를 사랑한다'는 사실을 확실히 해두었어요.

"엄마는 널 많이 사랑해. 엄마가 너 미워서 혼낸 거 아니야."

그러고서 혼낸 이유를 짚어 주었지요.

"엄마는 널 사랑하지만, 그래도 네 행동 중에서 그 점은 잘못되었다고 생각해. 그래서 네가 그런 행동을 고쳤으면 해서 혼낸 거야."

혼이 나는 순간 아이는 무섭고 두려운 나머지 정작 자신이 왜 혼나는지는 잊어버리기 일쑤거든요. 그래서 이렇게 짚어 주지 않으면 아이의 머릿속에 반성은커녕 '엄마가 나한테 사납게 대했다, 무서웠다'라는 느낌만 남기 십상이에요.

엄마가 아이를 혼낸 것은 아이가 같은 잘못을 반복하지 않게 하기 위해서잖아요. 혼낸 것의 효과를 높이기 위해서라도 이런 대화가 꼭 필요합니다.

혼낸 이유를 짚어 주면 제 아들은 이렇게 되묻곤 했습니다.

"그럼 엄마, 나한테서 그 점 말고 나머지는 좋아?"

이런 말을 들으면 저도 '애가 혼나는 동안 엄마가 자길 사랑하지 않을까 봐 많이 두려웠구나' 하는 생각이 들어 무척 안쓰러웠습니다. 그래서 꼭 안아 주며 다시 강조했지요.

"그럼 당연히 좋지. 엄마는 너 사랑하니까. 네가 뭘 잘못하거나 못한다 해도 엄마는 널 사랑해. 그건 변하지 않아. 그런데 엄마는 널 사랑하니까 네가 좋은 사람이 되길 바라기도 해. 네가 계속 그런 행동을 하면 좋은 사람이라고 할 수 없어. 그래서 널 혼낸 거야."

아이가 혼난 후에 "엄마는 날 사랑하지 않아" 하고 말해도 당황하지 마세요. 그건 아이가 진심으로 엄마의 사랑을 부정하기 때문에 하는 말이 아니에요. '엄마가 날 혼내긴 했지만 그래도 엄마는 여전히 날 사랑하는 거죠? 그렇죠?'라는 메시지로 해석해 주세요.

엄마가 당황해하거나 감정적으로 대응하면 아이는 오히려 더욱 불안을 느껴요. 엄마가 사랑한다는 것, 잘못은 잘못이라는 것을 차분하게 설명해 주세요.

마지막으로 저는 반드시 한 가지를 더 짚어 주었습니다. 바로 저와 아들 사이의 '관계'에 대한 것이었어요.

"엄마한테는 너와 사이좋게 지내는 게 가장 중요해. 그러니까 엄마가 널 혼낸 건 우리 관계를 더 좋게 만들기 위해서야."

아이가 머리가 좀 굵어지면 마냥 혼나고 있지 않지요. 자기주

장을 내세우며 대들어서 다툼이 되기 마련입니다. 그렇게 다툰 다음에도 언제나 저의 마무리는 한결같았습니다.

"우리는 관계를 더 좋게 하기 위해, 각자 중요한 것이 무엇인지를 알기 위해 다툰 거야."

요즘도 저와 아들은 종종 다투는데요. 이제는 아들이 이렇게 마무리합니다.

"엄마, 우리는 관계를 더 좋게 하기 위해 다툰 거예요. 알죠?"

07

공부가 너무 싫다는 아들에게

"네가 배우는 걸 엄마도 배우고 싶어."

한 엄마가 아들이 공부 스트레스를 겪고 있다며 한숨을 쉬셨습니다.

"저희 애가 '난 공부 싫어, 공부 안 할 거야' 하고 확 짜증을 내지 뭐예요. 얘를 어떡하죠?"

저는 이 아이가 중·고등학생이거나 적어도 초등학생인가 보다 하고 짐작했습니다. 아니더군요. 유치원생이라고 합니다. 제가 놀라서 눈을 동그랗게 뜨니 그 엄마가 설명해 주시더군요.

"내년에 초등학교에 들어가니까 미리미리 공부를 시켜 놓아야 하거든요. 요즘은 한글 떼는 정도로는 모자라요. 그래서 수학은 학습지를 시키고 영어는 과외를 시키고 있어요. 요즘 그 나이 아이들한테 이 정도는 보통이에요. 그런데 애가 벌써부터 공부가 싫다고 하니 걱정이에요. 나중에 학교 가면 공부를 훨씬 더 많이 해야 할 텐데."

공부, 당연히 중요합니다. 저는 아이들이 필수적으로 갖추어야 하는 습관 중 하나가 공부 습관이라고 생각해요. 하지만 여기서 제가 의미하는 공부란 학교에서 좋은 성적을 받고 소위 명문대에 가기 위한 공부가 아니에요. 평생 동안 열린 마음으로 새로운 것을 배우기 위해 하는 공부를 의미하지요. 그런 공부야말로 100세 시대를 살아가는 우리 아이들의 삶을 지탱해 줍니다.

그렇기에 공부는 즐거워야 하지요. 즐겁지 않으면 어떻게 긴 인생 동안 일상적으로 공부를 지속할 수 있겠어요. 아이들이 공부를 '힘들어도 할 수 없이 해야 하는 것'이 아니라 '즐거우니까 자꾸자꾸 하고 싶은 것'으로 인식하도록 해 주어야 합니다.

물론 공부를 하다 보면 때로 힘들기도 하지요. 하지만 그 힘듦을 견디고 이겨 내려면 먼저 공부의 즐거움을 느껴야 합니다. 공부를 즐거운 것으로 여기는 아이는 스스로 원해서 공부를 하게 되고, 그러다 보면 공부에서 힘든 부분을 극복해 내는 것까지도 즐거운 과정으로 생각하게 되니까요.

저희 아버지는 제게 '힘들어도 할 수 없이 해야 하는 것'으로

서의 공부를 강요하신 분이에요. 아이러니하게도 '즐거우니까 자꾸자꾸 하고 싶은 것'으로서의 공부 또한 알려 주신 분이기도 합니다.

아버지는 제가 성적이 안 좋거나 공부를 소홀히 하는 모습을 보이면 저를 마구 때리셨습니다. 맞으며 하는 공부는 괴롭기만 하더군요. 그러면서도 아버지는 제게 여러 가지 체험을 직접 해 보게 하셨어요. 덕분에 저는 초등학생 때 쌀로 직접 밥도 하고 사과로 식초도 만들어 보았답니다. 그렇게 해서 재미있게 배운 지식들은 머리에 쏙쏙 들어왔습니다. 다만 그때는 그것도 공부라는 생각을 미처 하지 못했습니다. 시간이 흐른 뒤에 돌아보니 그것이야말로 진정으로 기억에 남고 인생에 도움이 된 일상 공부였습니다.

그랬기에 더욱 저는 제 아이에게만큼은 공부의 재미를 알려 주고 싶었어요. 한글을 가르칠 때는 작정해서 아이를 붙잡고 '가 갸거겨'를 쓰게 하지 않고 한글 노래방 비디오테이프를 보여 주면서 아이 스스로 노래방 기계처럼 가사의 색상 변화를 통해 한글을 깨우치게 했습니다. 영어를 가르칠 때는 아이가 평소 흥미로워하는 공룡이나 게임을 가지고 영어 단어를 익히게 했습니다. 역사를 가르칠 때는 아이를 데리고 고궁이나 박물관을 찾았고요.

아들과의 대화법

특히나 아이가 공부를 할 때도 대화를 중요시했습니다.

"지금 네가 배우고 있는 게 뭐야? 엄마한테도 알려 줄래?"

"엄마는 어른인데 이것도 몰라?"

"어른이라도 모르는 게 있을 수 있지. 엄마도 아직 모르는 게 굉장히 많아. 그래서 네가 배우는 걸 엄마도 배우고 싶은 거야."

"진짜? 그럼 내가 엄마한테 설명해 줄게."

아이인 자신이 어른인 엄마에게 무언가 알려 준다는 것이 그리도 신났나 봅니다. 아들은 자기가 알게 된 것을 조잘조잘 열심히 이야기하더군요.

이러한 대화를 통해 저는 아이에게 공부의 즐거움을 느끼게 해 주었을 뿐 아니라 한 가지 중요한 태도를 알려 줄 수 있었습니다. 바로 모르는 것을 부끄러워하지 않고 인정하는 태도였습니다. 모르는 것은 부끄러운 게 아닙니다. 엄마든 아들이든 모르면 배우면 됩니다. 모른다는 사실을 깨닫고서도 배우기를 거부하는 게 부끄러운 것이지요.

이런 태도를 갖춘 아이는 상황이 어떠하든, 상대가 누구든, 새로운 것을 배우는 데 주저하지 않습니다.

그렇다고 제 아들이 학교 성적이 특출나게 좋았던 것은 아니고 명문대에 간 것도 아닙니다. 서울 안에 있는 대학에 진학했습니다만 그마저도 "대학에 가서 보니 대학이 학문을 가르치는 곳이 아니라 경쟁만 가르치는 곳이야"라는 말과 함께 자퇴하고 말았지요. 솔직히 말해, 아이가 자퇴할 때 엄마로서 많이 힘들었습니다. 하지만 국내뿐 아니라 해외에서의 다양한 체험을 바탕으로 아이가 끊임없이 자신이 관심 있는 분야를 탐구하고 새로운 분야에 주저 없이 도전하는 모습을 지켜보고 있노라면, 제가 아들에게 공부의 자세만큼은 잘 가르치긴 했구나 싶습니다.

친구보다 잘해야
직성이 풀리는 아들에게

"괜찮아, 못할 수도 있지. 그러면서 배우는 거야."

유난히 지기 싫어하는 아이들이 있습니다. 특히 아들들 중에 이런 아이들이 좀 더 많지요. 뭐든지 친구보다 잘해야 직성이 풀립니다. 동생보다는 당연히 잘해야 하고, 때로는 형이나 누나보다도 더 잘하려고 듭니다. 마음대로 되지 않을 때는 식식대며 혼자 분을 이기지 못합니다. 자기가 남들보다 잘하지 못했다는 사실 자체를 부정하기도 하고, 자기보다 잘한 남을 질시하거나 깎아내리기도 합니다.

개중에는 이런 성격을 타고나는 아이들도 물론 있을 겁니다. 하지만 조심스러운 말씀입니다만, 엄마의 성향이 아이에게 영향을 미쳤을 가능성도 큽니다. 엄마가 평소에 남들과 비교하거나 완벽주의를 추구하는 성향이 있으면 아이는 엄마를 따라 그러한 성향을 습득하게 됩니다.

유치원에서 돌아온 아들이 무언가를 배웠다고 이야기합니다. 아들이 기대하는 것은 엄마의 관심과 칭찬입니다. 그런데 엄마는 아이가 친구들 사이에서 어느 정도 수준인지, 또래들보다 잘했는지 못했는지가 궁금합니다. 엄마가 내심 비교 상대로 삼은 특정 친구가 의식되기도 합니다. 그래서 이런 질문들을 합니다.

"그래서 선생님이 뭐라고 하셨어? 너한테도 칭찬해 주셨어?"

"너도 손 들고 대답했어? 안 했다고? 왜?"

"걔는? 걔도 잘한 것 같아?"

엄마가 이렇게 직접적으로 말하지는 않았더라도 은연중에 좋아하는 기색이나 실망하는 기색을 내비쳤을 수 있습니다. 아이들은 엄마의 성향을 귀신같이 포착해 냅니다.

엄마보다는 아빠가 이러한 성향을 보이는 가정도 많습니다. 아들에게 승부욕을 길러 주는 것이 아빠의 역할이라는 생각에서 아이를 다그치는 것입니다.

제가 아들에게 자주 한 말이 있습니다.

"괜찮아, 못할 수도 있지."

애초에 아이는 못하는 경우가 많기 마련이잖아요. 아직 아이니까요. 또래들 중에서 조금 처질 수도 있고요. 아이들이 자라는 속도는 조금씩 다르니까요. 게다가 사람은 원래 저마다 잘하는 것도, 관심 있는 것도 다르니까요.

제가 이 말을 하면 아이는 "괜찮아? 정말?" 하고 되물었습니다. 그러면 저는 이렇게 말했습니다.

"그럼. 그러면서 배우는 거니까."

앞에서도 말씀드렸듯이, 저는 결과보다 과정이 중요하다고 믿습니다. 성적과 점수보다 공부 자세가 더 중요하다고 믿습니다. 그래서 아이에게도 저의 이런 믿음을 전달하고 싶었지요.

이렇게 말해 주면 아이가 "그래?" 하고 좋아할 때가 있는가 하면 "그래도 난 더 잘하고 싶은데…" 하고 아쉬워할 때도 있었습니다. 후자일 때는 그만큼 아이가 그 대상에 의욕을 가지고 있는 셈이니 아이가 어떻게 하면 더 잘할 수 있을까 함께 고민하고 도와주었습니다. 하지만 이때도 이 말을 잊지 않았습니다.

"네가 열심히 해서 이겨야 하는 상대는 어제의 너 자신이야. 과거의 네가 진짜 너의 경쟁 상대인 거야."

제가 경쟁 자체를 부정적으로 여기는 것은 아니에요. 경쟁, 물론 필요하지요. 피할 수도 없고요. 하지만 아이에게 알려 주어야 하는 것은 남을 이기기 위한 경쟁보다 스스로 더 나아지기 위한 나 자신과의 경쟁입니다.

저보고 현실을 너무 이상적으로 보는 것 아니냐고 지적하는 분들이 있어요. "저도 아이를 그렇게 키우고 싶지만 그랬다가는 이 험한 경쟁 사회에서 어떻게 살지 걱정이 돼요"라고 말씀하십니다.

얼마 전, 어느 초등학교 선생님에게 들었던 이야기입니다. 기회가 되어 유럽 학교를 방문해 거기서 수업을 진행하게 되었다고 합니다. 이 선생님은 아이들에게 의자 앉기 놀이를 하자고 제안했습니다. 아이들 수보다 적은 개수의 의자를 놓고 그 주위를 빙글빙글 돌다가 신호가 울렸을 때 의자에 앉지 못한 아이가 탈락하는 놀이였습니다. 그런데 그 나라 아이들이 고개를 갸우뚱하며 "왜 그런 이상한 놀이를 해요?"라고 질문했답니다. 협력해서 무언가를 하는 놀이에 익숙한 그 나라 아이들에게는 경쟁을 통해 반드시 누군가를 떨어뜨리는 놀이가 어색하게 느껴졌던 것입니다. 이 이야기를 들려주며 그 선생님은 "우리 사회가 얼마나 경쟁 문화에 젖어 있는지 깨달았어요"라고 하셨지요.

먼저 엄마부터 경쟁 문화에 익숙해진 자신을 돌아볼 필요가 있습니다. 다른 아이와 비교하지 마세요. 육아는 경쟁이 아니잖아요. 육아의 목적은 남들보다 잘난 아들을 키우는 것이 아니라, 엄마와 행복한 관계를 맺는 아들을 키우는 것입니다.

아들과의 대화법

09

성기에 호기심을 보이는
아들에게

"엄마와 성에 대한 이야기를 자연스럽게 시작해 볼까?"

엄마는 어린 아들과 일상적으로 서로의 몸을 봅니다. 이 시기에는 '아들이 너무 어려서 아직 성적 존재가 아니다'라는 함의가 깔려 있지요. 그런데 아들은 엄마 생각보다 일찍 성적 존재로서 자신을 드러냅니다.

같이 목욕을 하던 아이가 키가 커져 눈높이가 엄마의 성기에 도달하면서 빤히 바라보다가 불쑥 말합니다.

"엄마, 엄마는 왜 고추가 없어?"

아들의 입에서 이 말이 나왔다면 이미 엄마가 성교육을 시작해야 할 시점에서 한발 늦은 셈이에요. 늦었다고 생각될 때가 가장 빠른 법이니 곧장 엄마가 성교육을 시작해야 합니다.

아들 성교육에 대해서는 제가 따로 책을 쓰기도 했습니다만, 여기서도 대화라는 측면에서 주요한 핵심을 짚어 드리고자 합니다. 성교육은 엄마와 아들의 대화에서 무척 중요하거든요. 지금까지 이 책을 죽 읽어 오신 분들은 이미 그 이유를 짐작하시겠지만 그래도 정리 차원에서 몇 가지 이유를 먼저 말씀드릴게요.

우선, 성교육은 현대 사회의 필수 교육입니다. 성별에 연연하지 않고 상대를 그 자체로 존중하고 개인의 자기결정권을 중요시하는 것은 누구도 거부할 수 없는 시대적 흐름이잖아요. 우리 아들이 그런 흐름에 뒤처지지 않고 발맞추어 가도록 해 주는 것이 성인지감수성을 포함한 성교육입니다.

또한 성교육은 그 자체로 자존감 교육이 됩니다. 성교육의 첫 단계인 몸교육이 자존감 교육의 첫 단계이기도 하다는 사실, 제가 3부에서 이미 설명해 드렸지요. 성교육은 아이로 하여금 자신의 몸을 긍정하게 해 주고, 그것에서부터 아이의 자존감이 싹 트기 시작합니다.

마지막으로 가장 중요한 이유, 성교육은 아버지와의 관계를 넘어 엄마와 아들 사이의 관계의 단계를 높여 줍니다. 제가 2부에서 말씀드린 '인간관계의 5단계'를 떠올려 보세요. 5단계가 바로 '성을 이야기하는 단계'이지요. 성교육 없이는 5단계에 도달

해 평생 친구가 될 수 없습니다.

'굳이 아들과 성 이야기를 해야 할까, 서로 민망할 텐데' 하는 의문이 드시나요? 성은 사람의 일상에서 중요한 부분을 차지합니다. 그런데 성 이야기를 하지 않는다면 그만큼 아들과의 대화가 제한될 수밖에 없어요. 더구나 요즘 아이들이 성과 관련된 문화에 얼마나 빨리, 얼마나 쉽게 노출되는지 생각해 보세요. 평소에 엄마와 성 이야기 나누길 금기시하면 아들은 이러한 상황에서 그릇된 선입견을 가지거나 잘못된 판단을 내리게 됩니다.

그럼 어디서부터 시작하면 될까요? 몸의 명칭을 정확히 말하는 것에서 시작하시면 된답니다. 저는 아이와 함께 책을 통해 몸의 각 부분 명칭을 알려 주면서 성기의 명칭도 직접적으로 말해 주었어요.

"여기는 음경이야. 고추보다는 음경이라고 부르는 것이 좋아. 음경도 깨끗하게 씻어야지."

"엄마한테는 음순이 있어. 남자는 음경이 있고 여자는 음순이 있는 건데 모양이 서로 달라."

이런 대화를 나눈다면 아들이 '난 음경이 있는데 왜 엄마는 없지?' 하는 의문을 가지지 않겠지요. 특히 '있다, 없다'의 기준이 아닌 '있다, 있다'의 기준을 알려 주시면 됩니다. 제 아들은 나중에 사춘기가 되어 몽정을 시작했을 때 엄마가 열어 준 존중파티에서 "음경아, 고마워!"라고 외쳤답니다.

조금 더 시간이 지나면 아이는 "어떻게 해서 아기가 생기는 거야?" 하고 질문하게 됩니다. 이때 대개는 "응, 그건 말이야… 엄마 아빠가 서로 사랑하면 아이가 생기는 거야"라든지 "엄마 아빠가 밤에 한 이불 밑에서 잤더니 엄마 배 속에 네가 생겼어"라고 두루뭉술하게 넘어가곤 하셨을 겁니다.

아이가 많이 어릴 때는 이 정도로 충분할 수 있어요. 하지만 이런 질문이 나왔다는 것은 아이가 좀 더 구체적인 설명을 필요로 한다는 신호일 수 있습니다. 이때는 블록을 가지고 대화를 나누면 좋습니다. 아이가 가지고 있는 여러 모양의 블록들 중에서 튀어나온 블록과 쏙 들어간 블록을 이용하는 것입니다.

"자, 봐. 여자와 남자의 성기 중에서 이렇게 오목한 건 어느 쪽이고 볼록한 건 어느 쪽일까?"

"오목한 게 여자, 볼록한 게 남자지."

"맞아. 볼록한 블록이 오목한 블록 안으로 들어갈 수 있잖아. 어른이 되어서 서로 사랑하게 되면 여자와 남자의 성기가 이렇게 만나게 되는 거야."

이때 아이가 충분히 이해한다고 판단되면 나이에 맞게 보충 설명을 해 주시면 됩니다. 남자의 정자와 여자의 난자가 어떻게 만나는지, 임신한 이후에 여자의 몸에 어떤 변화가 생기는지 등

아들과의 대화법

을 말이지요.

저는 제 아이뿐 아니라 유치원에서 성교육을 할 때도 블록을 이용한 대화를 나누었는데요, 무척 반응이 좋았습니다. 아이가 생기고 태어나는 과정이 아이들에게는 신기한 일인데다가, 아이들이 평소에 익숙한 장난감을 가지고 응용한 덕분이겠지요.

많은 아들 엄마들이 성교육을 부담스럽게 여깁니다. 여성인 엄마로서 남성인 아들에게 성에 대해 말한다는 것이 껄끄럽게 여겨진다고들 하십니다. 그래서 남편에게 "여보, 당신이 애한테 잘 좀 얘기해 봐" 하고 부탁하기도 하고 '유치원이나 학교에서 잘 배우겠지' 하고 넘기기도 합니다.

물론 아이 아빠와 교육기관도 성교육에서 중요한 주체여야 하지요. 엄마 혼자 아들 성교육을 떠맡아서는 안 됩니다. 하지만 엄마가 아들 성교육에서 예외가 되어서도 안 됩니다. 엄마는 아들이 생애 처음으로 대하는 여성이자 가장 가까운 여성이기 때문이지요. 무엇보다도 아들과 좋은 관계를 가지고 싶은 엄마나 다른 여성을 위해, 아들 스스로를 위해서도 엄마의 성교육은 필요한 것이랍니다.

성교육을 미리 받은 제 아들이 초등학교 5학년 때 겪은 일입니다. 옆 짝꿍이 초경을 해 바지에 피가 묻었습니다. 남자아이들이 그걸 보고 여자아이를 놀렸습니다. 아들은 "이 여자아이는 어른이 되는 것이고 너희는 아직 아이야, 놀리지 마!"라고 했답니다. 그러자 남자아이들이 "둘이 좋아한데요" 하면서 더 놀렸다고 합니다. 결국 짝꿍은 울고 아들은 그 친구에게 쪽지를 써 주었지요.

'미안해, 남자애들을 대신해서 내가 사과할게. 너의 첫 생리를 축하해. 보건실에 가면 생리대 착용하는 법 알려 줄 거니까 편히 착용하면 돼. 바지에 피가 묻은 것은 내가 남방을 벗어 줄 테니 가리고 가면 돼. 너의 첫 생리 축하해. 옆 짝꿍.'

아들과의 대화법

10

엄마가 샤워할 때 자꾸 들어오려는 아들에게

"몸의 주인은 그 사람 자신이기에 존중해 주어야 해."

제가 아들 엄마들에게 자주 받는 질문 중의 하나가 "몇 살쯤부터 엄마랑 아들이 따로 목욕해야 할까요?"입니다. 저는 다섯 살 무렵이 적절한 시기라고 기준을 제시해 드리곤 합니다. 이에 대해서는 이미 성교육 책에서 말씀드린 바 있지요.

그런데 이후 이러한 질문을 해오는 분들을 만났습니다.

"선생님 말씀대로 다섯 살부터 아이와 씻는 걸 분리했고 아이도 잘 적응했어요. 1년이 넘었네요. 근데 요즘 들어 제가 샤워할 때 아이가 자꾸 들어오곤 해요. 같이 씻자는 게 아니라 소변이 마렵다느니 양치질을 해야 한다느니 이런저런 이유를 대면서요."

"저희 집은 더 어릴 때부터 남편이 아들 씻는 걸 전담해 왔어요. 아들도 이미 아빠가 씻겨 주는 거에 익숙하고요. 그러다 일곱 살이 되고서 언젠가부터 제가 씻을 때 문을 열고 빼꼼 고개를 내밀어요. 왜 그러냐고 물으면 '그냥' 이러고 마네요."

"2학년 딸, 1학년 아들, 이렇게 연년생 남매인데요. 얼마 전에 딸이 저한테 그러더라고요. 딸은 이제 혼자서 샤워하는데 자기가 샤워할 때 동생이 안 들어왔으면 좋겠대요. 알고 보니까 아들 녀석이 자꾸 누나가 샤워할 때를 골라서 쉬를 한다고 들어갔대요."

사실 저한테 이런 질문을 한다는 것은 엄마들 스스로 아들의 행동에서 무언가 어색하고 찜찜한 느낌을 받았기 때문이지요. 네, 그 느낌이 맞습니다. 아이는 지금 여자의 몸에 호기심을 느껴서 엄마나 누나가 샤워하는 모습을 보려 하는 것입니다. 한마디로 말해, 성적 호기심인 셈입니다.

그렇다고 아이의 행동을 너무 심각하게 보실 필요는 없습니다. 물론 성인 남성이 이런 행동을 한다면 그것은 큰 문제이고 나아가 범죄도 될 수 있지요. 하지만 어린 아들이 성장 과정에서 이런 행동을 보이는 것은 일시적인 호기심의 발현이며, 규칙을 정확히 세우는 것만으로도 충분히 교정될 수 있습니다.

아이에게 화를 내지 말고 얼렁뚱땅 넘어가지도 말고, 이 기회에 샤워 예절을 분명하게 가르쳐 주세요.

"샤워에도 예절이 있어. 가장 기본이 되는 건 바로 다른 사람이 샤워할 때 그 시간과 장소만큼은 온전히 그 사람 혼자서 쓸 수 있게 배려해 주어야 하는 거야. 그건 가장 가까운 가족끼리도 예외 없이 지켜야 해."

샤워 예절까지 따로 교육해야 한다는 것이 번거롭게 느껴질 수도 있겠습니다. '그냥 문을 잠그고 샤워하면 되지 않나' 하는 생각이 드실 수 있어요. 그러나 아이가 이런 행동을 보인다면 샤워 예절을 꼭 짚고 넘어갈 필요가 있어요. 그것이 왜 잘못된 행동인지, 대신 어떤 행동을 해야 하는지 대화를 통해 확실히 알려 주어야 합니다.

이렇게 샤워 예절을 알려 줄 때 그냥 엄마가 아이를 붙잡고 말하기보다 가족회의를 열어 말해 보세요. 그래야 아이가 '아휴, 엄마 또 잔소리하네' 하고 흘려듣지 않고 '아, 엄마가 정말 중요한 사실을 말하고 있구나. 꼭 지켜야 하겠구나' 하고 진지하게 받아들입니다.

이때 아들이 아닌 다른 가족의 샤워 예절도 한번 점검해 보세요. 정작 엄마 자신이 아들이 샤워할 때 벌컥벌컥 문을 여는 경우가 있거든요. 아들이 아직 어리니 엄마가 필요하면 좀 들어가도 되지 않느냐는 생각이지요.

일단 씻는 것을 분리했으면 엄마가 아들이 샤워할 때 들어가는 것도 안 됩니다. 샤워 예절은 서로서로 지켜야 합니다. 아들만, 남자만, 어린 사람만 지켜야 하는 것이 아닙니다. 엄마부터 샤워 예절을 지키는 모습을 보여 주세요.

한 가지 팁을 드릴게요. 샤워를 시작할 때마다 이렇게 얘기해 보세요. "엄마 이제 샤워할 거야"라고 말이지요. '자, 엄마가 샤워한다고 말했으니까 우리가 약속한 대로 샤워 예절을 지켜 주렴' 하고 보내는 신호인 셈입니다. 혹시라도 샤워 중인 것을 모르고 실수로 문을 열어 서로 민망한 상황도 방지해 주고요.

샤워할 때 굳이 밝히지 않고 시작하는 가정이 많더라고요. '뭘 그걸 따로 말하기까지 하나' 싶으실 수도 있는데요. 막상 해 보면 금방 익숙해집니다. 바로 저희 집이 그렇게 말하는걸요. 아이가 어릴 때는 물론이고 다 큰 지금도 계속 그렇게 하고 있답니다.

제 아들은 제가 일찍부터 성교육이며 샤워 예절 교육을 단단히 시켜서 그런지 제가 샤워하는 것을 보고 싶어 한 적은 없어요. 그런데 이런 적은 있습니다. 제가 생리 중에 생리대 가는 것을 그렇게 보고 싶어 하는 것이었어요.

아들은 제가 생리대를 손에 들고 화장실에 들어가려고 하면 "엄마, 엄마, 나도 같이 들어가면 안 돼? 나도 한번 보면 안 돼?" 하고 조르곤 했습니다. 오히려 성교육을 잘해서 생리에 대한 지식도 일찍 알다 보니 호기심이 들었나 봐요.

그럴 때면 저는 성교육의 기본인, 몸에 대한 존중을 강조하곤 했습니다.

"엄마가 뭐라고 했지? 몸의 주인은 그 사람 자신이라고 했지? 엄마 몸은 엄마 거야. 보여 줄지, 안 보여 줄지는 엄마 판단에 따라야지."

샤워 예절 역시 크게는 몸에 대한 존중에 포함됩니다. 상대의 몸은 그 사람의 것이며 그 사람의 선택에 맡겨야 한다는 원칙인 것입니다. 이렇게 상대의 몸을 존중하는 연습을 하기 위해서도 샤워 예절을 아들과 함께 회의해서 정해 보세요.

11

병원에 가기 싫어하는 아들에게

"많이 무섭구나. 힘들지?"

최근에 아들을 병원에 데려가게 된 한 엄마의 고충을 전해 들었어요. 이 엄마는 아이 유치에 문제가 생겨 치과에 가야 한다며 한숨을 푹 쉬더랍니다. 주위 사람들이 그 정도는 그 나이 때 아이들에게 흔하게 생기는 일이니 걱정하지 않아도 된다고 위로하자, 이 엄마는 이렇게 말했다고 해요.

"유치 자체는 그렇게까지 걱정되진 않는데… 애가 치과 가기 전부터 난리를 치고 치과에서 고래고래 악을 쓰면서 울 게 뻔해서 그게 걱정이에요. 병원에 갈 때마다 그러거든요."

병원 가는 것을 좋아하는 아이가 어디 있겠어요. 하지만 그중

아들과의 대화법

에서도 유난히 더 힘들어하는 아이들이 있긴 하지요. 병원 안에 들어가는 것조차 거부하면서 떼를 쓰고, 주사라도 놓으려 하면 병원 안이 떠나가라 울어 대기도 합니다.

병원이라는 곳이 원체 조용한 장소잖아요. 그러니 아이가 울고불고 하면 그만큼 더 눈에 띄고 시끄럽게 느껴질 수밖에 없어요. 엄마는 아픈 아이에게 신경 쓰는 것만도 이미 힘든데 남들의 시선도 의식이 되니, 그 고충이 이만저만이 아닙니다. 저 역시 엄마로서 그런 엄마들에게 공감이 갑니다.

하지만 그래도 이 상황에서 가장 힘든 사람은 아이 본인이라고 생각해요. 아이는 지금 마음속 깊은 곳에서 솟아오르는 두려움과 맞닥트리고 있는 거니까요. 그 감정은 본능적인 공포라고 할 수 있습니다. 아이 스스로 이성적으로 제어하기는 힘들어요.

그러니 엄마가 아무리 "씩씩하게 참아야지"라고 달래 보았자 아이 귀에 들어갈 리 없어요. "자꾸 울면 의사 선생님이 이놈 하신다"라고 하는 것은 아이의 두려움을 더욱 자극할 뿐이고요.

아이의 두려움을 알아주는 것이 무엇보다 우선입니다. '엄마는 너의 마음을 충분히 이해하고 있으며, 나쁜 일은 일어나지 않을 것이다'라는 메시지를 주는 것이지요.

"많이 무섭구나. 힘들지? 몸이 아플 때는 병원에 꼭 가야 해. 의사 선생님을 만나고 나면 아픈 게 한결 나아질 거야. 엄마가 약속할게."

아이가 병원이라는 말만 들어도 너무 질색하니까 아이에게 거짓말을 하는 엄마들도 많습니다. "맛있는 거 먹으러 갈까?" 같은 말로 일단 아이를 데리고 나왔다가 갑자기 병원으로 들어가는 것이지요.

거짓말만큼은 절대 하지 마시라고 말리고 싶어요. 당장은 아이와의 실랑이를 줄일 수도 있겠습니다만, 그렇게 하면 아이는 엄마로부터 존중받지 못했다는 느낌을 받습니다. 당연히 아이의 본능적인 두려움도 해소되지 않은 채 남을 수밖에 없고요.

오히려 더욱 솔직하게 아이에게 말씀해 주시는 게 좋습니다. 병원에 가기 전부터 앞으로 벌어질 일에 대해 아이와 많은 대화를 나누는 것이 필요합니다. 지금 아이의 몸에 어떤 문제가 생겼는지, 그래서 어떤 종류의 병원에 가야 하는지, 그 병원에 가면 어떤 것들을 하게 되는지 미리 알려 주세요. 다소 심각하거나 어려울 수 있는 내용이라도 최대한 아이의 눈높이에 맞추어서 설명해 주세요.

어떤 상황에서든 아이에게 첫 번째 롤모델이 되는 사람은 바로 엄마와 아빠입니다. 기회가 된다면, 엄마가 환자로서 아이에게 롤모델이 되어 보세요. 저는 아이를 진료실에도 데리고 들어가고, 주사실에도 데리고 들어가곤 했습니다. 제 아이는 엄마가 의사 선생님에게 진찰을 받는 모습도 보고, 간호사에게 주사를 맞는 모습도 보았답니다. 엄마가 병원 진료를 받는 과정을 아이가 지켜보게 하는 것이지요.

"엄마가 몸이 안 좋아서 병원에 온 거야. 엄마도 병원 오는 게 싫을 때가 있어. 그래도 엄마가 건강해야 너랑 더 신나게 놀 수 있으니까 병원에 와서 주사도 맞은 거야."

한 가지 팁을 드리자면, 아이와 대화를 잘할 수 있는 의사 선생님을 찾아보세요. 의사 선생님도 사람인지라 성향에 따라 아이를 대하는 데 능숙한 분도 있고, 서툰 분도 있어요. 아이가 울 때 의사 선생님이 너무 난감해하면 엄마도 민망하고 아이도 더 무섭겠지요. 반면 의사 선생님이 "무서운데 잘 참았다, 대단하구나"라고만 다독여 주어도 아이는 다른 어른으로부터 인정받았다는 으쓱함에 병원에 대한 거부감이 줄어들게 됩니다.

저도 이런 의사 선생님을 만나고자 여기저기 알아보던 기억이 나네요. 그렇게 해서 찾은 의사 선생님들 덕을 많이 봤습니다. 이제 아이는 다 커서 병원에서 우는 일은 없지만 그래도 여전히 몸이 아프면 대화를 잘하는 의사 선생님이 있는 병원들을 찾습니다.

12

여자색은 싫다고 하는 아들에게

"세상에 남자색, 여자색 그런 건 없어."

산부인과에서 산모에게 아이의 성별을 미리 넌지시 알려 줄 때 흔히들 이렇게 귀띔한다고 하지요.

"파란색 옷 준비하세요."

"분홍색 옷 사셔야겠네요."

굳이 더 묻지 않아도, 파란색 옷은 아들을 의미하고 분홍색 옷은 딸을 의미합니다. 아기를 낳아 신생아 옷을 사러 가면 또 어떤 가요? 점원이 가장 먼저 이런 질문을 건네지 않나요.

"아들이에요, 딸이에요?"

아들이라고 대답하면 파란색 옷들이 좌르르 펼쳐지고, 딸이라고 하면 분홍색 옷들이 좌르르 펼쳐집니다.

이런 식으로 아들은 파란색, 딸은 분홍색이라는 게 한동안 무슨 공식처럼 여겨져 왔습니다. 저는 원래 전공이 의상학이다 보니 색깔을 성별로 나누는 편견이 너무도 답답하게 느껴지곤 했어요. 옷에는 얼마나 다양한 색깔이 있고 얼마나 다양한 스타일이 있습니까? 그중에서 자신에게 어울리는 것을 찾기도 전에 아이가 소위 남자색, 여자색이라는 프레임에 갇혀 버리고 말다니요.

그래도 요즘은 이 공식에 반발하는 엄마들이 늘어난 것 같습니다. 제 주변만 해도 일부러 초록색, 보라색, 갈색 같은 '성 중립'적인 색깔 위주로 골라 옷을 입힌다는 엄마들이 많습니다. 아들에게 분홍색 옷을 입히는 것도 주저하지 않는다고 합니다. "남자는 핑크지!"라고 하면서요.

사실 색깔에 대한 이런 공식은 그 역사가 그리 길지 않습니다. 100여 년 전만 해도 미국에서는 지금과는 정반대로 분홍색 옷을 남자 아기에게, 파란색´옷을 여자 아기에게 권했다고 합니다. 과거 유럽에서 분홍색 옷을 입은 어린 왕자들의 초상화도 남아 있고요. 그러니 색깔 공식을 깨고자 하는 엄마들의 반발이 저는 더욱 반갑습니다.

아이에게는 편견이 없습니다. 엄마가 어려서부터 분홍색이든 파란색이든 어느 쪽에 치우치지 않고 옷을 입혀 버릇하면 아이역시 색깔을 성별로 나누지 않습니다. "우리 아들은 분홍색을 더좋아해요. 직접 골라 보라고 하면 분홍색 옷을 집어요" 하는 엄마들의 이야기도 들었습니다.

그런데 그렇게 편견이 없던 아들이 어느 날 갑자기 남자색, 여자색을 나누어 엄마를 당황시키기도 합니다. 아들이 분홍색 옷을 더 좋아한다던 엄마가 1년쯤 후 황당한 표정으로 이렇게 말씀하시는 겁니다.

"이제 학교 입학할 때가 돼서 가방도 사고 운동화도 사려고같이 백화점에 갔는데 애가 여자색은 안 된대요. 자기는 남자니까 여자색 입으면 친구들이 이상하게 볼 거래요. 제가 여자색이뭐냐고 물으니까 분홍색을 가리키더라고요."

그동안 엄마가 색깔 공식을 주입하지 않으려 했는데도 아이가 이런 반응을 보인다면 그것은 또래 친구들의 영향으로 인한것일 가능성이 큽니다. 아마도 유치원이나 학교에 분홍색 옷을입고 갔다가 친구들로부터 "넌 왜 남잔데 분홍색 입니?" 하는 핀잔을 들었겠지요.

실제로 아이들이 어울려 노는 모습을 지켜보면 종종 볼 수 있는 광경입니다. 제가 관찰하기로는, 오히려 여자아이들 중에 '분홍색 = 여자색'이라는 생각에 사로잡혀 있는 경우가 좀 더 많더군요. 분홍색 옷을 입었을 때 주위 어른들이 "아유, 참 예쁘구나" 하고 칭찬하면 여자아이들은 그 경험이 강하게 남아 분홍색에 대한 선호를 강화하고 나아가 분홍색을 여자색으로 인식하거든요. 물론 저의 이런 분석이 여자아이들을 탓하려는 의도는 아닙니다. 어디까지나 기성세대가 만들어 준 편견인 걸요.

아이가 여자색, 남자색을 나누기 시작할 때 엄마는 그것이 고정관념에 불과하다는 것을 분명하게 밝혀 주어야 합니다.

"분홍색은 여자색이 아니라 그냥 분홍색이야. 파란색도 남자색이 아니라 그냥 파란색이야. 여자도 얼마든지 파란색을 입을 수 있고, 남자도 얼마든지 분홍색을 입을 수 있어. 만약 누가 너더러 분홍색을 입었다고 해서 여자 같다고 놀린다면 그건 그 사람이 잘못한 거야. 그럴 때는 '세상에 여자색, 남자색이 어디 있니. 그런 건 없어' 하고 당당하게 얘기하면 돼."

그런데 엄마가 이런 말을 들려주는 것만으로는 조금 부족합니다. 정답은 정답이긴 한데, 아이가 정답을 들었다고 해서 그걸 곧바로 자기 내면의 것으로 만들기는 힘드니까요.

그래서 저는 놀이를 병행하는 것을 권해 드립니다. 아이와 함께 색칠하기 놀이를 해 보세요. 그러면서 아이가 어떤 색깔을 선호하는지 그 이유는 무엇인지 관찰해 보세요. 어떤 인물에게 어떤 색깔을 칠하는지, 어떤 감정을 어떤 색깔로 묘사하는지도 관찰하시고요. 그러면서 자연스럽게 아이가 색깔을 인식하는 성향을 알아볼 수 있습니다.

만약 아이가 여자색, 남자색이라는 편견을 가지고 있다면 여러 가지 색깔을 자유롭게 시도해 보도록 대화해 주세요.

"아빠가 분홍색 스웨터를 입으면 어울릴 것 같은데? 한번 칠해 볼까?"

"너도 분홍색 옷을 입은 모습으로 그려 볼래?"

"엄마는 왜 분홍색이야? 엄마가 좋아하는 색깔로 칠해 줄래?"

제 경우는, 아이가 어릴 때 의상 카탈로그를 보면서 색깔에 대한 대화를 자주 나누었어요. 색깔의 이름을 구체적으로 짚어 주기도 하고, 올해의 유행 색깔은 무엇이며 왜 그게 유행인지에 관해서도 이야기했습니다.

"이건 보라색. 이건 자주색. 비슷한 것 같지만 자세히 보니까 다르지?"

"올해 유행하는 색은 무채색이래. 흰색, 검은색, 회색 같은 거. 이렇게 아래위로 모두 무채색으로 입으니까 어떤 느낌을 주는 것 같니?"

그러면서 아이가 남자색, 여자색에 갇히기보다는 색깔 그 자체에 대한 감각을 키우도록 했지요. 아들이 성인이 되어 지금은 사진작가로 활동하는데요, 한번은 저한테 이렇게 말하더라고요.

아들과의 대화법

"엄마가 예전에 색깔 얘기를 해 준 게 지금 사진 찍는 데 도움이 많이 되는 것 같아. 사람들이 내 사진을 보고 색감이 인상적이라고 하거든."

색깔은 꼭 성별에 대한 편견하고만 이어진 게 아니라 인종 편견과도 이어진 예민한 문제입니다. 과거에는 너무나 당연하다는 듯이 '살색'이라는 표현을 썼잖아요. 그런데 이것이 다른 인종을 차별하는 표현이라는 문제의식을 가진 사람들이 늘어나면서 대신 '살구색'이라고 하게 되었지요. 아이들의 크레파스에서도 살색이라는 단어는 사라졌습니다.

저는 아이들이 성별이든 인종이든 편견을 가지지 않고 자유롭게 색깔을 바라보고 고를 수 있는 사회를 꿈꿉니다. 그러기 위해 우리 엄마들부터 나서서 아이에게 편견 없이 색깔을 보는 법을 알려 주었으면 좋겠습니다.

아들과의 추억 갤러리

: 관계

아! 그날 임신이라는 소리를 처음 들은 날.
언니랑 같이 갔던 그곳. 난 이상한 기분이 들었지.
아가야! 그날 너도 나랑 같이 있었는데 기분이 어떨니?
사진으로 넌 사진을 보니 참 세상 좋아졌다는 생각이 든다.
아빠와 엄마가 만나서 그 힘든 운동을 해서 너가 나한테
주어진 큰 선물이라고 하니 신기하기도 하였지.
이제 나도 엄마가 되는구나 하는 생각이 가끔은 당황되었지.
아가야. 지금 생각해 보니 너에게 필요한것을 모두 배울수 있도록
이 엄마가 많이 노력할게.
그날 입덧이 너무 심하게 해서 약을 먹지도 않았다는것이
참 걱정 였지. 엄마랑 아빠는 너를 낳기위해 많은 노력을
하면서 계획을 하였지. 침대에 때에 넣으면 아가가
잘 논다는 이야기를 들려 준다 ......
넌 이제 96년 1월 9일이 예정이라고 의사선생님
이 말했지. 지금은 아주 건강하고 자리가 잘
잡았다고. 넌 참 똑똑한 아이야. 그치.

태교 일기

어버이날 편지

This is me.
I love my family.

This is my mother.
She is pretty.

엄마와 아이의 관계는 글에서도 드러납니다.

5부

엄마의 대화가
아들의 성장을 한 뼘 더 높여요

– 초등학생 아들과의 상황별 대화법

01

엄마를 속이려는 아들에게

"네가 엄마를 속이면 우리 사이가 나빠져."

앞서 4부에서 유아기 아들의 거짓말을 벌써부터 너무 심각하게 받아들이실 필요는 없다고 말씀드렸지요. 하지만 아이가 조금 더 커서는 다릅니다. 아이니까 할 법한 거짓말이라고, 그 나이 때는 으레 하는 거짓말이라고 넘어갈 수 없는 일들이 생깁니다. 엄마 입장에서는 '엄마인 나를 속이려 들다니…' 하는 배신감까지 느껴지게 되는 일들입니다.

저희 아들이 수학 학습지를 구독한 적이 있습니다. 제가 혼자 힘으로 아이를 키우다 보니 아이의 공부를 세세하게 챙겨 줄 수가 없었어요. 아이가 낮에 학습지를 풀어 두면 제가 저녁에 집에 돌아와서 채점을 해 주는 정도였습니다.

하루는 채점을 하는데 좀 이상했습니다. 아이가 문제를 다 맞힌 것입니다. 엄마로서 좋아해야 마땅하겠지만, 그전까지 이 정도로 잘하지 않았던 아이가 갑자기 이렇게나 잘한다는 것은 아무래도 이상했습니다. 아이에게 물어보니 금세 실토했습니다. 뒤쪽의 답안지를 보고 베낀 것이었습니다.

화가 솟구쳤습니다. '너 이렇게 엄마를 속여가지고 나중에 뭐가 되려고 그래!' 하는 고함이 목구멍으로 치밀어 올랐습니다. 하지만 애써 화를 누르고 아이의 입장에서 생각해 보려고 산책을 한 후 내 문제와 아들 문제로 경계를 나누어 생각해 보았습니다. 그러고 물었습니다.

"너 답안지 보고 할 때마다 엄마한테 들킬까 봐 네가 더 조마조마했겠다. 네가 더 힘들었겠구나. 네가 문제 틀리면 엄마가 싫어할까 봐 걱정되었던 거야?"

제 말에 아들은 울음을 터뜨리며 말했습니다.

"엄마, 엄마는 어떻게 그렇게 내 마음을 잘 알아?"

피곤한 상태에서 채점을 하다가 틀린 문제가 많이 나오면 저도 모르게 싫은 티를 냈나 봅니다. 아이는 그런 엄마에게 너무 미안했던 것입니다. 저도 눈물이 나서 아이를 안아 주었습니다.

"엄마도 미안해. 엄마도 잘못한 것이 있었네. 엄마는 네가 수학 문제 많이 맞히는 것보다 엄마한테 못하면 못한다고 솔직하게 말해 주는 게 더 좋아. 가장 중요한 것은 너와 나의 신뢰야. 알았지?"

아이는 울먹이며 고개를 *끄덕끄덕*했습니다. 그 후로 답안지를 베끼는 일은 더 이상 일어나지 않았습니다.

하지만 그렇다고 아이가 저를 속이는 일도 일어나지 않았을까요? 그럴 리가요. 그로부터 얼마 뒤에는 더 심각한 일이 생겼습니다.

어느 날 컴퓨터 학원에서 전화가 왔습니다. 교재비를 내달라는 것이었습니다. 저는 분명히 얼마 전 아이 손에 책값을 쥐어 주었는데 말입니다. 아이에게 물어보니 "난 학원 책값 냈는데"라고 태연하게 대답했습니다. 학원에서 착오를 했거나 아이가 거짓말을 했거나, 둘 중 하나였습니다. 저는 고민에 빠졌습니다.

이런 경우 대개는 아이가 거짓말을 한 것이지요. 저도 그럴 거라 짐작했습니다. 하지만 다시 물어도 아이가 교재비를 냈다고 거듭거듭 말했습니다. 너무 혼란스러웠습니다. 밤에 잠을 못 이룰 정도였습니다.

며칠간 고민한 끝에 아이를 붙잡고 말했습니다.

"엄마가 마지막으로 묻는 거야. 솔직하게 말해 주면 혼내지 않을게."

아들과의 대화법

그제야 아이는 진실을 털어놓았습니다. 제 짐작대로 아이가 거짓말을 한 것이 맞았습니다. 교재비를 책가방에 넣은 채 친구들을 만났다가 그 돈으로 친구들에게 분식을 사 주었다고 했습니다. 평소에 용돈이 넉넉한 친구가 한 턱씩 내는 것이 부러웠던 아이는 마침 돈이 생기자 충동적으로 돈을 쓰고 만 것입니다.

이때도 저와 아이는 함께 펑펑 울었습니다. 아이는 저를 속인 것에 미안해했고, 저는 아이에게 용돈을 충분히 주지 못한 것에 미안해했습니다. 저는 아이와 손가락을 걸고 함께 약속했습니다.

"엄마는 언제나 너와 사이좋게 잘 지내는 게 가장 큰 소원이야. 그런데 네가 엄마를 속이면 우리 사이가 나빠지게 돼. 엄마는 그런 거 바라지 않아. 너도 그런 거 싫지? 그러니까 우리 서로 거짓말은 하지 말자."

물론 거짓말은 잘못입니다. 하지만 거짓말을 질책하기에 앞서, 아이가 어쩌다 거짓말을 하게 되었는지 그 이유에 귀 기울여야 합니다. 그리고 아이의 감정에 공감해 주어야 합니다.

엄마에게 거짓말을 하고 엄마를 속이려 하는 아이의 마음속에는 '솔직하게 말하면 엄마가 나에게 공감하지 못할 것이다'라는 전제가 깔려 있습니다. 거짓말을 하지 말라고 혼내 봤자, 이런 전제가 계속 아이의 마음속에 있는 한 아이는 거짓말을 하게 됩니다. 오히려 더더욱 거짓말을 그럴싸하게 잘하는 아이가 될 겁니다.

아이에게 믿음을 주세요. '솔직하게 말하면 엄마가 나에게 공감해 줄 것이다'라는 믿음과 편안함을 말이지요. 이후 제 아들은 제게 너무 솔직하게 다 말해서 가끔은 제가 "얘, 남들은 그럴 때 적당히 거짓말도 하던데 넌 그런 것도 없니?" 하고 장난스레 타박을 줍니다.

아들과의 대화법

02

욕설을 하는 아들에게

"엄마가 욕을 하면 너도 기분이 안 좋을 거야."

엄마로서 우리 아들이 제발 배우지 말았으면 하는 말이 있어요. 다름 아닌 욕설입니다. 하지만 아이의 귀를 아예 닫지 않는 한, 아이는 욕설에 노출됩니다. 주위 어른이나 친구에게 들어서, 또는 영화나 드라마에서 보고 아이는 욕설을 익힙니다.

저 역시 아들이 바른 말, 고운 말만 써 주었으면 하고 바랐지요. 하지만 결국 그날은 오고야 말았습니다. 어느 날, 아들의 입에서 욕설이 튀어나온 것입니다.

"아이, ×××."

어떤 상황에서 욕설이 나왔는지는 잘 기억이 나지 않아요. 아마 컴퓨터를 하고 있었던 때로 기억합니다. 그만큼 특별히 험악한 분위기도 아니었고, 무슨 심각한 일이 벌어진 것도 아니었어요. 그저 평범한 날이었습니다. 그런데 난데없이 아이가 자연스럽게 툭 하고 욕설을 내뱉더군요.

저는 너무 놀라 순간적으로 가만히 있었습니다. 아주 짧은 순간이었지만 마치 시간이 멈춘 것 같았습니다. 그리고 반사적으로 이렇게 외쳤습니다.

"아이, ×××!"

아들이 내뱉은 욕설을 정확히 그대로 반복해서 말한 것이지요. 이번에는 아이가 놀라서 멍한 얼굴로 저를 보더군요. 저는 아이에게 물었습니다.

"엄마가 욕을 하니까 어떠니? 욕을 들으니 너도 기분 나쁘지?"

"…응. 엄마도 내가 욕을 해서 기분 나빴어? 그걸 알려 주려고 욕을 한 거야?"

저는 바로 지금이 아이에게 욕설에 대해 이야기해 줄 시점이라고 생각했어요. 그래서 아주 따끔한 말투로 말했습니다.

"엄마는 욕이 싫어. 그래서 네가 욕을 하지 않았으면 좋겠어. 특히 엄마 앞에서는 절대 욕을 하지 않게 조심하도록 해. 엄마가 네가 하는 다른 말은 뭐든지 들어줄 수 있지만 욕만큼은 결코 들어줄 수 없어."

사실 아들이 욕설을 아예, 전혀, 단 한 마디도 하지 않기를 바라는 것은 현실적으로 다소 무리가 있습니다. 남자아이들의 또래 문화에서는 욕설이 관계를 돈독히 하기 위한 수단이나 무시당하지 않기 위한 수단으로 쓰이는 일이 비일비재하거든요. 이런 경향은 여자아이들 사이에서도 존재합니다만, 아무래도 남자아이들에게 훨씬 더 보편적이고 그 강도도 셉니다.

하지만 상대에 따라, 상황에 따라 욕설을 조심해야 한다는 점은 아들에게 분명히 가르쳐 주셔야 합니다. 단순히 욕을 하고 안하고의 문제를 넘어, 생활 속에서 존중, 조절과 절제의 문제라는 점을 인식시켜 주셔야 하는 것입니다.

이때 '밖에서는 마음껏 욕설을 해도 되고 엄마 앞에서만 조심하면 되겠구나'라는 식으로 아이가 오해하게 해서도 안 되겠지요. 욕설은 어디까지나 좋지 않은 말이라는 사실, 욕설 대신 얼마든지 다른 순화된 표현을 쓸 수 있다는 사실도 함께 이야기해 주세요. 특히 남자아이가 당장 욕설을 끊지 않더라도 적어도 '욕설은 나쁜 거다'라는 사실을 어릴 때부터 확실히 알고는 있어야지요. 그래야 성인이 되고 사회생활을 하면서까지 입에 욕을 달고 사는 사람이 되지 않을 수 있습니다.

그렇게 따끔하게 말한 이후로 아이가 제 앞에서 욕설을 하는 일은 다시 일어나지 않았습니다. 초등학교를 지나고 중학교, 고등학교에 가서도 그런 일은 없었습니다.

저와 단둘이 있을 때만 그런 것이 아니라 친구들을 집으로 데려와서 같이 놀 때도 마찬가지였습니다. '요 녀석들, 남자애들끼리라서 말을 험하게 하는 건 아니려나' 하는 생각에 슬쩍 귀 기울여 보았지만 욕설은 고사하고 그와 엇비슷한 말도 들려오지 않았습니다.

하루는 고등학생이 되고도 죽 욕설을 하지 않는 아들이 기특해서 칭찬해 주었습니다. 그런데 말입니다, 아들이 멋쩍은 웃음을 지으며 이렇게 고백했습니다.

"에이, 우리 엄마가 아들을 잘 모르네. 나 사실… 욕을 아주 안 하는 건 아닌데."

"응? 네가 욕을 한다고? 언제?"

"학교에서 친구들끼리 있을 때. 그래도 난 다른 애들에 비해서 별로 안 하는 거야. 그리고 엄마 앞에서는 절대 안 하려고 하지. 엄마는 욕을 싫어하잖아."

"너 집에서 친구들이랑 놀 때도 욕 안 하던데?"

"내가 미리 걔들한테 입단속을 했으니까 그런 거지. 우리 엄마는 욕 싫어하니까 조심하라고 했어."

아들의 고백을 듣고 저는 오히려 아들에게 고마운 마음이 들었습니다. 솔직하게 말해 준 것이 고마웠고, 적어도 제 앞에서는 욕을 하지 않으려 애써 노력했다는 것에 더더욱 고마웠습니다. 그동안 아들은 엄마인 저를 배려해서 욕을 절제해 왔던 것이니 까요. 물론 엄마로서 당부의 말은 잊지 않았습니다.

"그래, 엄마 앞에서 조심하는 건 고마운데 기왕이면 밖에서도 욕을 덜 하면 좋겠어. 엄마에게 솔직히 말해 주어서 고마워."

엄마가 예뻤으면 좋겠다는 아들에게

"외모로 사람을 평가하면 안 돼."

몇 해 전 초등학교에 성교육 강연을 갔습니다. 각 반마다 성교육 강사가 한 명씩 들어갔는데, 제가 맡은 반은 저학년 아이들이었습니다. 그런데 저를 본 아이들에게서 무언가 떨떠름해하는 분위기가 느껴지더군요. 그러다 대뜸 한 남자아이가 말했습니다.

"선생님, 선생님은 왜 뚱뚱해요?"

그러자 다른 아이도 말을 보탰습니다.

"옆 반에 들어간 선생님은 예쁘던데…."

그 당시 제가 비만이었던 것은 아닙니다. 지금과 마찬가지로 그때도 그저 보통 정도에 속하는 체형이었지요. 하지만 제 몸이 어떠한지는 중요한 문제가 아니었습니다. 그렇게 어린 남자아이들이 너무나 스스럼없이 외모를 평가하고 지적한다는 것이 진짜 문제였습니다.

사실 남자아이들의 외모 평가는 더 어릴 때부터 시작되지요. 그 대상은 가장 가까이에 있는 여성, 즉 엄마가 되곤 합니다. 미취학 아이를 둔 엄마들에게서 들었던 이야기입니다.

"우리 애가 다니는 어린이집에서 애들끼리 '누구 엄마가 제일 예쁜가'를 가지고 순위를 매겼대요. 방송국 사내 어린이집이라서 엄마가 아나운서인 애들도 있거든요. 그런 애들 엄마는 순위가 높고, 저같이 그냥 일반인인 엄마는 순위가 낮았던 거죠. 애가 실망했다고 하더라고요."

"엄마들한테는 하원룩look이라는 게 있어요. 애들을 유치원이나 학원에서 데려올 때의 옷차림인데요. 그냥 편하게 대충 입고 싶어도 엄마 옷차림이 별로면 아이 기를 죽일 수 있다고 해서 엄청 신경이 쓰여요. 이제 조금 있으면 초등학교 입학인데, 그날을 대비해서 피부과에 미리 다녀야 하나 고민 중이에요."

우리 사회는 외모 지상주의가 특히나 심합니다. 일반인들까지도 일상적으로 외모 평가에 시달립니다.

"너 왜 이렇게 살이 쪘니?"

"화장 좀 해라. 아파 보여."

이런 식으로 남의 외모에 대해 대놓고 이러쿵저러쿵 지적하는 것은 외국에서는 굉장히 무례한 일로 여겨집니다. 그런데 우리 사회에서는 매일같이 비일비재하게 벌어지고 있습니다.

안타깝게도 우리 아이들 역시 외모 지상주의를 빨리 습득합니다. 그러니 아이들이 저를 향해 아무런 문제의식 없이 '못생긴 선생님은 싫어요'라고 할 수 있었던 것이지요. 게다가 그 발언은 저학년 교실에서 남자아이가 했던 것입니다.

그런데 우리 사회의 외모 지상주의는 남성과 여성에게 동일하게 작용하지 않습니다. 여성에게 훨씬 더 엄격하고 가혹하지요. 이 글을 읽고 있는 엄마들도 허다하게 경험하셨을 거예요. 여성 아나운서가 안경을 꼈다는 것이 신선한 화제가 될 정도니까요. 오죽하면 사회가 강요하는 외모 관리의 억압에서 벗어나자는 탈코르셋 운동이 나왔겠습니까.

만약 그날 학교에 온 성교육 강사들이 남자였다면, 제가 남자 강사였다면 아이들이 제게 그런 말을 했을까요? 하지 않았을 겁니다. 그저 '성교육 선생님이 왔구나' 하고만 생각했을 거예요. 아이들이 엄마가 아닌 아빠를 대상으로도 외모 순위를 매기고 아빠의 옷차림을 평가할까요? 그렇지 않아요. 엄마와 보내는 시간이 더 많은 현실을 감안하더라도, 엄마들을 외모 평가의 대상으로 삼는 것은 도가 지나칩니다. 더불어 아들 사이에서 엄마에

아들과의 대화법

대한 욕도 많이 생기는 것 또한 문제입니다.

혹시 '우리 애는 아들이니까 외모 지상주의를 좀 덜 신경 써도 되겠지' 하고 생각하시나요? 아들이기에, 아들 엄마이기에 더욱 신경 쓰셔야 합니다. 이러한 문화에서 아들을 그냥 내버려 두는 것은 곧 그릇된 여성관, 왜곡된 이성관과 타인에 대한 잘못된 평가를 심어 주는 것이 됩니다.

최근 몇 년 사이에 남성들이 나이 불문하고 단톡방에서 주위 여성들의 외모를 평가하고 등급을 매기는 등의 대화를 일삼다가 성희롱으로 문제가 된 사건들이 있었습니다. 스마트폰이라는 새로운 기기의 등장으로 기록이 남는 바람에 문제가 제기된 것이지, 남성들 사이에서는 암암리에 널리 퍼져 있는 문화입니다. 우리 아들들이 그런 남성으로 자라서는 안 되겠지요.

먼저 엄마부터 사람을 외모로 평가하는 말을 삼가야 합니다. 저도 무심코 아들 앞에서 그런 말을 하게 될까 봐 무척 조심했습니다.

미디어를 접할 때 외모 지상주의에 대해 함께 대화를 나누시는 것도 적극적으로 추천해 드립니다. 영상 매체는 드라마나 영화는 물론이고 심지어 뉴스까지도 외모 지상주의가 더욱 극대화되어 나타나기 때문에 이러한 대화를 나누기에 적합합니다. 3부에서 미디어를 통한 공감력 훈련을 말씀드린 적이 있는데요. 원리 자체는 비슷합니다. 실제로 저는 아이와 이런 식의 대화를 나누곤 했답니다.

엄마 남자 앵커는 나이 많고 경력 많은 사람인데 여자 앵커는 젊고 예쁜 사람인 거, 너무 이상하지 않니?

아들 이상한 것 같아. 왜 그럴까?

엄마 여성 앵커만 외모를 기준으로 뽑아서 그런 게 아닐까? 어떻게 생각해?

아들 내가 여성 앵커라면 화날 것 같아.

성교육을 하러 갔다가 난데없이 아이들의 날카로운 외모 평가를 받은 그날, 저는 아이들을 엄하게 꾸짖었습니다.

"외모를 가지고 사람을 평가하면 못써요. 더구나 이렇게 사람 앞에서 대놓고 말하는 건 굉장히 예의 없는 행동이에요. 절대 해서는 안 돼요."

제가 강하게 나가니까 아이들이 일순간 조용해지면서 분위기가 가라앉더군요. 하지만 제가 본격적으로 성교육 수업을 시작하자 금세 분위기가 올라왔습니다. 아이들은 저의 한마디 한마디에 호응하며 수업에 푹 빠져들었습니다.

그만큼 그날 저는 평소보다도 더욱 열정적으로 혼신을 다해 성교육을 진행했지요. '외모 지상주의가 만든 이 아이들의 편견까지 깨부수겠다!'라는 마음가짐으로요. 수업을 마칠 때가 되자 아이들은 "벌써 끝이에요?" 하고 아쉬워할 정도였습니다. 저는 그런 아이들에게 다시 한 번 강조했습니다.

"어때요, 외모로 사람을 평가하면 안 된다는 거, 확실히 알겠죠?"

04

학원에 가기 싫어하는 아들에게

"학원은 네가 선택할 수 있는 거야."

요즘 아이들은 어릴 때부터 학원 한두 개쯤은 기본으로 다니죠. 일주일 스케줄이 온갖 학원 수업으로 빡빡하게 채워진 아이들도 있고요. 그래서 아이들이 웬만한 어른들보다 더 바쁘다고들 합니다.

아이가 정말 좋아해서, 진심으로 즐거워해서 학원을 다니는 것이 엄마가 가장 바라는 상황일 겁니다. 하지만 아이가 별로 흥미를 보이지 않는데도, 심지어 가기 싫다고 한숨을 쉬는데도 엄마가 등을 떠밀어 억지로 학원으로 들여보내는 것이라면 엄마도 힘들고 아이는 더더욱 힘든 상황일 거예요. 이런 상황이 아이의 학년이 올라갈수록 더 자주 벌어지는 것이 현실입니다.

왜 이런 힘든 상황을 엄마도 아이도 감수해야 하는 걸까요? 저를 만난 엄마들은 이렇게 설명하십니다. 아이가 성적을 내려면, 학교 진도를 따라가려면, 선행학습을 하려면 학원이 필수라고 말이지요. 아이가 학원을 안 가고 집에 있어도 알아서 스스로 공부하면 이상적이겠지만, 대부분의 아이는 학원에라도 가 있어야 그나마 공부를 하게 되니 어쩔 수 없이 학원을 보낸다고 합니다.

그러면 저는 이런 질문을 드립니다.

"학원을 결정하기 전에 아이와 충분히 대화를 하셨어요?"

대부분의 경우, 엄마가 아이와 대화를 하기보다는 '지금 애한테 이게 부족하니까 이 학원을 보내야겠다' '다른 애들은 다 저거 하던데 우리 애가 뒤처지지 않으려면 저 학원을 다녀야겠다'라고 혼자 판단해서 학원을 결정하시더군요. 아이의 아빠인 남편과의 대화도 거치지 않고 말 그대로 '혼자' 판단하십니다.

그나마 아이와 대화를 했다는 경우도 자세히 설명을 들어 보면 '이러저러한 이유로 너는 학원에 가야 해'라는 식으로 엄마가 일방적으로 말하는 것이 대부분이고요. 이런 것은 대화다운 대화라고 할 수 없지요.

결국 아이는 '엄마가 가라니까 할 수 없이 가야지, 뭐' 하는 마음으로 무거운 발걸음을 옮기게 됩니다. 억지로 앉아 있는 학원에서 아이가 과연 진짜로 공부를 하게 될까요? 그저 엄마의 눈을 의식해 시간만 흘려보내고 있는 것은 아닐까요?

저는 아이의 학원에 대해 아주 간단한 원칙을 가지고 있었습니다. 첫째, 아이가 좋다고 하면 보낸다. 둘째, 아이가 싫다고 하면 언제든 보내지 않는다. 그래서 학원을 결정하기 전에도 아이와 충분히 대화를 하곤 했습니다. 어릴 때부터 이런 원칙을 가지고 학원을 보내다 보니 제 아이는 학원을 '내가 선택할 수 있는 것'으로 인식하더군요.

그러다 중학교 1학년이 된 아이가 영어 학원에 다니게 되었습니다. 중학교에 올라가니 아이가 영어 수업을 따라가기 버거워했거든요. 제가 "그럼 너 ○○영어 학원 다닐래?" 하고 물으니 아이가 그러겠다고 했고, 저는 새벽같이 줄을 서서 ○○영어 학원에 등록해 주었습니다. ○○영어 학원은 그 근방에서 가장 인기가 많아 그렇게 줄을 서지 않으면 등록할 수 없었거든요.

그런데 약 두 달 후, 아이가 갑자기 선언했습니다.

"엄마, 나 그 학원 안 갈래. 다니기 싫어."

그 순간 제 마음속에서는 '뭐? 이 엄마가 얼마나 고생해서 등록했는데…' 하는 생각이 들었지요. 하지만 마음을 가라앉히고 차분히 아이의 말을 들어 보았습니다.

"그래? 왜 싫어진 거야?"

"거기는 숙제만 엄청 많이 내고 암기식 숙제 체크만 주로 해. 가르쳐 주는 건 별로 없고 그냥 애들을 굴리는 거야. 시간이 아깝 더라구. 가르치는 방식도 다 구식이야. 새로운 투자를 안 하는 것 같아."

"그렇구나. 그 학원을 안 다니면 그럼 어떻게 하고 싶니?"

저의 물음에 아이가 뜻밖의 제안을 했습니다.

"내가 영어가 부족하니까 학원을 다니긴 해야. 근데 어떤 학원을 갈지는 내가 직접 고르게 해줘."

그전에도 아이와 대화를 하고서 학원을 결정하긴 했습니다 만, 이렇게 아이가 주도적으로 나선 것은 처음이었습니다. 저는 기대 반 걱정 반으로 아이가 어떻게 학원을 고르는지 지켜보았 지요.

아이는 먼저 주변의 영어 학원들을 검색해 보고 다섯 군데 정 도를 후보로 뽑았습니다. 실패를 경험해서 그런지 그 학원들에 각각 청강을 신청하고 청강 결과를 비교해 보며 학원마다 장단 점을 정리했습니다. 그리고 마침내 한 군데 학원을 골라 등록했 지요. 그렇게 유명한 학원은 아니지만 선생님이 의욕적이고, 학 교 진도에 연연하기보다는 영어의 본질에 보다 집중하는 게 마 음이 든다고 했습니다.

이 과정에서 제가 한 일은 아들이 청강 후 정리한 장단점을 들고 믿으면서 아들이 정한 학원에 가서 원장 선생님과 만난 것이었습니다. 학원들에 전화해 청강이 가능한지 문의한 것은 전부 아들이 하였습니다.

그 학원에 등록하러 간 날, 선생님이 "여긴 어떻게 알고 오시게 되었어요?" 하고 물으셨다가 아이가 선택했다는 사실을 알고 너무나 신기해하시더군요.

"네? 어머니가 고른 게 아니라 애가 고른 거라고요? 제가 학원 강사로 있으면서 이런 경우는 처음 보네요, 하하."

그렇게 스스로 선택한 학원을 아이는 정말 신나게 다녔습니다. 새로운 언어를 배우는 것에 재미를 느끼더니 나중에 영어 특기 전형으로 대학에 갔고, 지금은 영어를 포함해 서너 가지 언어를 꽤 수준급으로 구사한답니다.

엄마 입장에서는 아이가 학원에 다니지 않으면 '얘가 이러다 공부를 놓게 되는 건 아닌가' 하는 불안감이 들 수 있습니다. 엄마가 아이의 학습에 초조한 마음이 들다 보면 마치 학원에 보내는 것 자체가 목적처럼 되어 버리곤 합니다. 이것은 주객전도입니다. 학원은 어디까지나 수단일 뿐이지 목적이 아니잖아요.

'학원에 보내긴 보내야 하는데 아이 의견도 반영하겠다.'

'아이를 잘 타일러서 학원에 가도록 하겠다.'

이런 마음가짐으로는 아이와의 대화가 이루어지지 않아요.

엄마는 대화라고 여길지 몰라도 아이는 절대로 그렇게 생각하지 않습니다. '학원에 가지 않을 수도 있다'라는 가능성까지 염두에 두고 아이와 대화를 나누셔야 합니다.

아이가 학원에 가냐 안 가냐가 중요한 것이 아닙니다. 진짜 중요한 것은 아이가 자신의 공부 스타일을 스스로 파악하고, 그 스타일에 맞는 학습 수단을 스스로 고를 판단 능력을 키우는 것입니다. 평상시 일상 상호존중 대화가 잘된다면 아들은 자신의 스타일을 편하게 말하면서 엄마에게 도움을 요청하는 대화를 할 것입니다. 학원에 보내기 위한 대화가 아니라, 그러한 판단 능력을 키워 주기 위한 대화를 나누셔야 합니다.

05

죽음에 대해 묻는 아들에게

"우리 함께 있는 동안 행복하게 잘 지내자."

엄마는 아이가 자라는 동안 수많은 질문을 받게 됩니다. 그중에는 무어라 대답해야 할지 금방 떠올리기 어려운, 사뭇 철학적인 질문도 있습니다. '죽음'에 대한 질문이 대표적일 겁니다.

어느 날부터 아이는 진지하게 죽음을 생각하게 됩니다. 할머니 또는 할아버지의 죽음이나 반려동물의 죽음이 계기였을 수도 있고, 동화책이나 영화에서 본 죽음이 계기였을 수도 있습니다. 모든 생명의 삶에는 끝이 있다는 사실이 아이에게는 신기하고 기이하면서도 의아하게 느껴집니다. 그래서 엄마에게 질문을 건넵니다.

"엄마, 죽는 게 뭐야?"

제 아들도 그랬습니다. 예전에는 친인척의 장례식 소식을 듣고도 그게 무슨 의미인지 몰라 무덤덤하던 아이가 어느 날부터 죽음에 대한 질문을 자꾸 하기 시작했습니다. 단순히 죽음이라는 것이 무슨 의미인지 묻던 아이의 질문은 거기에서 멈추지 않고 다음 질문, 또 그다음 질문으로 이어졌습니다.

"죽고 나면 어디로 가는 거야?"

"죽은 다음에도 만날 수 있는 거야?"

"엄마도 죽을 수 있는 거야?"

한 3년은 그렇게 잊을 만하면 죽음에 대한 질문을 했으니, 죽음을 궁금해하는 아이들 중에도 조금은 유별나긴 했던 것 같습니다.

어른들은 이런 질문들을 어린아이의 단순한 호기심으로 대수롭지 않게 넘기곤 합니다. 하지만 제가 상담하며 많은 아이들과 대화를 해 보니, 아이들이 죽음에 대해 생각하는 정도는 어른들의 예상보다 훨씬 진지하더군요.

그 생각은 곧잘 두려움으로 이어지곤 합니다. 자신의 죽음을 두려워하는 것이 아니라 '모두 날 떠나고 혼자 남으면 어떡하지' 하고 두려워하는 것입니다.

특히 한부모 가정의 아이들, 부부가 화목하지 못한 가정의 아이들일수록 더욱 이러한 두려움을 갖기 쉽습니다. 자신을 돌봐 줄 유일한 보호자나 양육자가 죽음과 이혼, 별거로 인해 사라지는 것, 안 그래도 불안정한 가정이 죽음으로 인해 완전히 와해되는 것, 그리하여 자기 홀로 남는 것이 아이들 입장에서는 최악의 상황이거든요.

아들과 죽음에 대해 이야기했을 때 아들은 제게 이렇게 당부했습니다.

"엄마, 눈 많이 올 때 운전 더 조심해. 사고 나서 엄마가 죽으면 어떡해. 난 아빠도 없는데 엄마마저 없으면 고아가 되잖아."

아들은 엄마가 떠난 뒤 혼자 남는 것이 그토록 무서웠던 것입니다. 마음속 깊은 곳에 두려움이 자리하고 있었던 것입니다. 제 아들도 한부모 가정에서 자라다 보니 그렇게 죽음에 대해 오랫동안 깊이 생각한 것 같습니다. 당시 아들이 느꼈을 감정을 떠올릴 때마다 제 마음 한구석이 묵직하게 아파 옵니다.

사실 어른들 중에서도 "죽음은 이런 것이다!" 하고 자신 있게 말할 수 있는 사람이 얼마나 되겠습니까. 직업상 평소 많은 아이들을 상담하고 사람들 앞에서 강연하지만 저 역시 죽음에 관해서만큼은 그저 나름의 생각을 말해 줄 수 있을 뿐이었습니다.

"엄마가 생각하기에는 말이야, 죽은 다음에 어떻게 되는지는 아무도 모르는 것 같아. 하지만 모든 사람이 결국 언젠가는 죽게 되는 건 맞아. 지금 당장은 아니지만 아마 언젠가 엄마가 너보다 먼저 죽게 되겠지?"

그러고 저는 아이에게 이 말만큼은 반드시 해 주었습니다.

"그래서 엄마랑 너랑 사이좋게 지내는 게 중요한 거야. 이렇게 우리가 함께 있는 시간이 정말 소중한 건데 그 시간 동안 우리 관계가 나쁘면 안 되지 않겠니? 우리 행복하게 잘 지내도록 하자."

상담을 할 때도 마찬가지였습니다. 가정이 화목하지 못한 아이가 죽음에 대해 질문하면 이렇게 말해 주곤 했습니다.

"가족 사이라 해도 언젠가는 결국 죽음으로 헤어지게 되니까, 그만큼 가족들과의 관계가 중요한 거란다. 지금은 가족이 원망스럽더라도 좀 더 잘 지내기 위해 노력하면 좋겠구나."

죽음에 대한 질문을 통해 관계의 중요성을 깨달을 수 있도록 해 준 셈이지요. 죽음에 대해 무어라 설명해 주시든 마무리는 이렇게 해 보세요. 이런 대화를 나누고 나면 아이는 홀로 남는 것에 대한 두려움을 조금은 덜고, 현재 함께하는 사람들의 소중함을 느끼게 됩니다.

그런데 죽음에 대해 질문하는 아이들 중에는 다른 사람이 아닌 바로 자신의 죽음을 떠올리는 경우도 있습니다. 이런 아이들은 일종의 자살 충동을 느끼는 상태라고 해석해야 합니다.

"쪼그만 게 무슨 자살이라고…" 하고 대수롭지 않게 넘길 일이 아닙니다. 아무리 어린아이라 하더라도 스트레스가 극심한 상황이면 자살이나 자해를 생각할 수 있고, 심지어 어릴수록 실행에 옮길 수도 있습니다. 이런 아이는 폭력이나 따돌림 등 엄마가 미처 알아채지 못한 극단적인 상황에 처해 있을 가능성이 큽니다. 엄마는 대화 속에 숨어 있는 아이의 도와달라는 시그널을 알아차리고 바로 전문가의 상담을 받도록 직접적으로 빠르게 도와주어야 합니다.

06

"그냥." "아니." 단답형으로만 대답하는 아들에게

"엄마는 언제든 네 말을 들을 준비가 되어 있어."

대화는 핑퐁 게임 같은 것이지요. 이쪽이 말을 건네면 저쪽이 또 말을 건네고, 그렇게 계속해서 말을 주고받는 것이 곧 대화이니까요. 엄마와 아들의 대화도 마찬가지입니다.

그런데 아이가 단답형으로만 말한다면? 엄마가 기껏 말을 해도 고작 "그냥" "아니" 정도의 대답만 돌아온다면? 이것은 핑퐁 게임에서 한쪽이 공을 제대로 넘기지 않는 셈입니다. 이렇게 되면 핑퐁 게임이 이어질 수 없습니다. 게임의 동력이 떨어지고 결국 멈추어 버리고 맙니다. 대화가 끊어집니다.

아이가 어려서 말이 서툰 상태라면 대화라는 핑퐁 게임에 아직 익숙하지 않은 것입니다. 이런 아이는 말 자체가 익숙해지도록 도와주면 됩니다. 엄마가 계속 말을 붙여 주고 격려해 주면 아이는 자연스레 말이 늘어나면서 단답형 대답은 줄어듭니다. 아이에 따라 속도 차이는 있어도 결국에는 능숙하게 대화에 참여하게 됩니다.

그런데 이미 이런 단계를 한참 전에 지난 아이의 경우라면? 종알종알 잘만 말하던 아이가 언제부터인가 말수가 부쩍 줄어들더니 이제는 단답형 대답으로 일관한다면? 이것은 아이의 능력 문제가 아니라 관계의지 문제입니다.

아이들을 상담할 때도 그랬습니다. 제 앞에 앉자마자 이 순간만 기다렸다는 듯 폭풍같이 말을 꺼내는 아이가 있는가 하면, 제가 무엇을 질문하든 "네" "아니요" "그런데요" "모르겠어요" 등 단답형으로만 대답하는 아이도 있었습니다. 후자의 경우는 십중팔구 엄마의 성화에 할 수 없이 상담을 받게 된 아이였습니다. 그 짧은 대답을 통해 아이는 저와 대화하고 싶지 않다는 강력한 의지를 표현하는 셈이었지요.

어느 순간 아이의 대답이 부쩍 짧아졌다 싶으면 엄마들은 '저 녀석, 사춘기가 왔나 보네' 하고 짐작합니다. 실제로 남자아이의 단답형 대답은 사춘기의 신호인 경우가 많습니다. 사춘기를 맞이한 많은 아이들이 엄마에 대한 반발심을 그런 식으로 드러내곤 합니다.

엄마들은 아이의 변화에 속을 끓이면서도 '사춘기가 지나가면 괜찮아지겠지' 하고 위안합니다. 물론 괜찮아질 수도 있지요. 반면에 완전히 틀어져 버릴 수도 있고요. 사춘기 이후에 무조건 괜찮아지는 것이 아니라 엄마의 노력과 대화에 따라 결과가 달라질 수 있습니다.

대답이 짧다는 것 자체를 질책하지는 마세요. 대화의 의지는 억지로 불어넣을 수 있는 것이 아닙니다. 아이의 반감만 커질 뿐입니다.

아이의 대답 그 너머를 응시하세요. 무엇이 아이로 하여금 엄마와의 대화를 꺼리게 만들고 있을까요? 아이의 마음을 읽어 주고 보듬어 주기 위한 말을 건네야 합니다.

저는 상담하러 와서 단답형 대답으로 일관하는 아이에게 이렇게 말했습니다.

"여기 오기까지 많이 힘들었겠구나. 선생님은 네가 이렇게 온 것만으로 참 고맙게 생각해. 그래서 널 도와주고 싶어. 너도 억지로 왔지만, 곰곰이 생각해 보면 상담이 필요해서 여기 온 걸 거야. 선생님한테 말을 해 주면 최대한 네가 말해 준 만큼 도와줄 수 있을 거야."

제가 끈기 있게 아이들의 마음을 두드리면 아이들은 잔뜩 굳어 있던 얼굴 근육을 풀고 조금씩조금씩 대답을 늘려 갔습니다.

여기서 한 가지 팁을 알려 드릴게요. 이건 제가 제 아들에게 직접 적용했던 방법인데요. 바로 엄마와 아이 둘만의 여행을 떠나는 것이랍니다.

초등학교 졸업 선물로 세 가지 무엇을 받고 싶냐고 물었을 때 아들이 원했던 것 중 하나가 바로 엄마와 단둘이 국내 여행을 가는 것이었습니다. 졸업 선물이라는 큰 의미도 있어 저 역시 바로 찬성했습니다. 엄마로서 아들을 6년간 잘 키웠다는 의미로 아들에게 축하받고 싶다는 생각도 있었답니다.

단, 조건이 있습니다. 이 여행은 아이가 주도적으로 계획을 짜야 합니다. 어느 장소로 가든, 무엇을 먹고 무엇을 하든, 온전히 아이의 뜻에 맡기세요. 물론 비용은 엄마가 대야 하고요. 아이는 신이 나서 여행 계획을 세울 겁니다.

그렇게 해서 어느 날 갑자기 낯선 환경으로 가게 되면 엄마가 말이 통하는 상대는 오직 아들뿐이고, 아들 역시 말이 통하는 상대는 오직 엄마뿐입니다. 서로에게 의지할 수밖에 없습니다. 또한 이 여행 계획은 아이가 세웠기에 엄마와 아이의 역할이 서로 바뀌게 됩니다. 아들이 엄마의 가이드이자 보호자가 되지요.

이런 상황이면 아이는 더 이상 단답형 대답을 하지 않습니다. 그럴 여유가 어디 있나요. 오히려 엄마에게 이것저것 설명하고 이러쿵저러쿵 코치하느라 바쁜 걸요.

여행하며 대화가 많아지다 보면 엄마가 자연스레 이런 말을 꺼낼 기회가 옵니다.

"엄마는 너랑 평소에 대화를 많이 못 해서 아쉬웠어. 네가 엄마 말에 대답을 잘 안 해 주면 섭섭하면서 한편으로는 걱정이 많이 되더라. 그래서 이렇게 여행하면서 너랑 얘기를 많이 하니까 엄마는 참 행복하다. 그동안 엄마한테 말하고 싶었는데 못 했던 거 있으면 얘기해 줄래? 엄마가 다 들어줄게."

아이가 속마음을 다 이야기할 수도 있고, 그러지 않을 수도 있습니다. 그저 아이와 대화의 물꼬를 트고, 아이에게 '엄마는 너와 대화하기를 원해. 그리고 엄마는 언제든 네 말을 들을 준비가 되어 있어'라는 신호를 준 것만으로도 이미 충분합니다.

07

자기 맘대로 입고 싶다는 아들에게

"엄마랑 같이 옷 골라 볼까?"

흔히들 딸은 어려서부터 자기 외모에 신경을 많이 쓰는 데 반해, 아들은 외모에 무덤덤해서 그저 엄마가 사 주는 대로 옷을 입는다고 생각합니다. 전체적으로 그런 경향이 어느 정도 있겠지만, 그래도 실제로는 꼭 그런 것만 같지는 않아요. 자기 나름의 외모 취향을 가진 남자아이들을 점점 많이 볼 수 있습니다.

여기서 외모 취향이란 꼭 '잘 꾸민다'를 의미하지 않습니다. 남들 사이에서 돋보일 정도로 잘 꾸미는 취향을 가진 아이도 있고, 그저 활동하기 편한 옷만 매일같이 고집하는 아이도 있지요. 후줄근하고 편하게 입는 것, 그 자체도 나름의 취향이라고 볼 수 있고요. '내 외모를 이러저러하게 하고 싶다'라는 마음이라면 그것이 어떤 종류이든 간에 외모 취향인 셈입니다.

엄마가 일방적으로 정해 주기보다는 아이에게 취향을 물어봐 주세요.

"머리 어떻게 하고 싶어? 얼마나 잘랐으면 좋겠니?"

"소풍 날 무슨 색깔 티셔츠를 입을까? 네가 가진 티셔츠들 중에서 골라 볼까?"

"엄마가 너한테 이 신발 사 줄까 하는데 어때? 언제 시간이 되니? 네 마음에도 드니?"

아이에 따라 심드렁한 반응을 보일 수도 있지만, 엄마의 예상을 뛰어넘어 적극적으로 이것저것 의견을 말하는 아이도 많을 거예요. 평소 자기 취향에 대해 미처 생각해 보지 못했다가 엄마의 질문을 계기로 아이 자신도 취향을 깨달을 수 있습니다. 그런데 사실 고백하자면, 저 자신은 처음에 이런 말을 건넬 생각도 못했답니다.

제가 지금도 아이에게 미안하게 생각하는 일이 있어요. 아이가 초등학교 저학년 때였던 것 같은데요. 평소에 아이는 옷에 대해 이거 사 달라, 저거 입고 싶다 같은 말을 딱히 하지 않았어요. 저도 '남자애라 옷차림에 별로 관심이 없나 보다'라고 생각했습니다. 그런데 날이 쌀쌀해져서 옷을 껴입게 할 때마다 아이가 툴

툴거리는 겁니다. "난 두껍게 입는 거 싫은데" 하고요. 그러면 저는 "두껍게 입어야지. 안 그러면 이 추운 날에 감기 걸리고 만다" 하고 단호하게 말하곤 했습니다.

시간이 꽤 지난 후에야 알게 되었습니다. 제 아이는 엄마인 저보다 태생적으로 몸에 열이 많은 사람이더군요. 같은 기온이라도 저는 '아유, 쌀쌀하네. 옷을 껴입어야겠다'라고 생각할 때 아이는 '아직 그렇게 춥진 않네. 안 두껍게 입고 싶다'라고 생각했던 것입니다. 일명 온도계로 읽는 실제 생활온도와 각자 느낌으로 아는 체감온도가 다르다는 것을 알게 되었지요.

아이의 생각과 의견을 항상 존중해 주고 귀담아듣는다고 자부했던 저이기에 더욱 민망하고 미안했습니다. 대체 저는 왜 그랬던 것일까요? 스스로 곰곰이 생각해 보았습니다. 그제야 저의 불안감이 보였습니다.

'안 그래도 없는 살림인데 애가 남들 눈에 추레해 보이면 어떡하지.'

'동네 사람들이 저 집은 엄마가 추운 날에도 애를 대충 입힌다고 손가락질하면 어떡하지.'

이런 불안감이었습니다.

여러분 중에도 저 같은 경우가 꽤 많지 않을까요? 엄마의 취향을 정답으로 여기다가, 남들의 시선을 의식하다가 정작 아이

아들과의 대화법

의 취향은 무시하고 있지 않나요? 적어도, 아이의 취향을 알아주고 북돋우는 데 소홀하지는 않으셨나요? 특히나 남자아이라고 더 무심했을지도 모릅니다.

'아이 맘대로 입게 내버려 두었다가 진짜로 감기에 걸린다든지 땀띠가 난다든지 하면 어쩌라고' 하는 생각이 드실 수도 있습니다. 추운 날씨에 멋을 부리려다 감기에 걸리고 나면 아이가 스스로 깨닫게 되겠지요. 취향을 고집할 때도 날씨는 고려해야 한다는 사실을 말이에요.

제가 그토록 무심했던 사이에도 아이의 취향은 새록새록 자라나, 고학년이 되고 중학교에 진학하던 시기에 아이는 제게 선언했습니다.

"이제 내 옷은 내가 고를 거야! 엄마가 일방적으로 골라서 사오지 마!"

지금은 전혀 다른 분야의 일을 하지만 제 대학 전공이 다름 아닌 의류학이랍니다. 그런 엄마의 선택을 거부하겠다니 선선하기도 하고 어이없기도 했습니다만, 아이의 말대로 하기로 약속했습니다. 그래서 옷을 살 때 아들과 함께 다니기 시작했습니다. 쇼핑을 하는 동안 저와 아이는 참 많은 대화를 나누곤 했습니다.

"엄마, 이거 봐. 괜찮은 것 같네."

"사이즈가 맞나? 너한테 좀 크지 않니?"

"엄마가 잘 모르네. 요즘은 이렇게 좀 넉넉하게 입는 게 멋이거든요."

"그래? 엄마는 딱 맞게 입는 게 좋아 보이던데."

"한번 입어 볼게. 입어 보면 괜찮다니까."

아이 옷을 살 때만이 아니었어요. 제 옷을 살 때도 마찬가지였죠. 아이는 자못 진지하게 제 옷에 대해 훈수를 두더군요. 심지어는 가게 사장님에게 "이거 제가 칭찬해 줘서 우리 엄마가 사게된 거니까, 절 봐서 좀 깎아 주세요" 하고 꽤 능청스럽게 가격 흥정도 했습니다.

집에 있을 때는 옷차림에 대한 대화를 길게 할 기회가 별로 없고, 해 봤자 자칫 핀잔으로 흐르기 일쑤잖아요. 하지만 이렇게 쇼핑을 하면서 대화를 하면 훨씬 더 대화가 풍부해집니다. 엄마도 아이의 취향을 알 수 있고, 아이도 엄마의 취향을 알 수 있습니다. 취향의 다양성을 배우는 기회이지요. 시간이 흘러 강의 갈 때 아들이 전체 옷 분위기를 코디까지 해 주게 되었답니다.

참, 한 가지 당부드리자면 엄마가 취향에 열린 마음을 가지셔야 하는 것은 기본입니다. 아무래도 엄마는 기성세대, 아이는 신세대이기 때문에 엄마의 눈에는 아이의 외모 취향이 어색하고 때로 괴상해 보일 수 있어요. 그렇다 해도 아이의 취향을 존중해 주셔야 합니다. 기꺼이 받아들이기가 너무 힘들다 해도 노력하

　　　　　　　　　　　아들과의 대화법

셔야 합니다.

　아들이 성인이 된 후의 일이긴 합니다만, 저에게는 아들의 문신이 그런 것이었습니다. 머리로는 이해하려고 해도 마음으로는 잘되지 않았어요. 하지만 지금은 그마저도 받아들였습니다. 다만 "다음에 새로 문신을 할 거면 엄마 의견도 꼭 좀 물어보고 해 다오"라고 부탁했답니다.

08

휴대폰을 붙잡고 있는 아들에게

"엄마는 휴대폰보다 가족과 함께하는 시간이 더 소중해."

휴대폰은 우리 생활을 참 편리하게 해 주었지만 동시에 엄마들을 고민에 빠뜨리기도 했지요. 아이에게 휴대폰을 사 줄 것이냐 말 것이냐, 사 준다면 언제 사 주어야 하는가 하는 고민을 늘상 하게 됩니다. 안 사 주자니 '요즘은 휴대폰이 있어야 친구들도 사귈 수 있다는데…' 하는 걱정이 들고, 사 주자니 '허구한 날 휴대폰을 붙잡고 있을 텐데 그걸 어떻게 보고 있나…' 하고 벌써부터 답답해집니다.

제 아들도 휴대폰을 사 달라고, 사 달라고, 그리도 노래를 불렀습니다. 그때 제가 내세운 시기는 '네가 어른이 되면'이었습니다. 다만, 제가 말하는 어른이란 법적 성인인 만 19세를 의미하는 것이 아니었습니다.

"네가 언젠가 사춘기가 되면 사정(몽정)이란 걸 하게 돼. 음경에서 하얀색 액체와 덩어리가 나오는 거야. 그때가 되면 남자에서 남성이 되는 거라 엄마가 파티를 열어 주고 용돈도 올려 주고, 너를 어른으로 대접해 줄게. 휴대폰도 그때 사 줄 거야."

아이의 사정을 축하하는 파티에 대해서는 뒤에서 다시 말씀드릴게요. 저는 이 말을 그대로 실천했습니다. 제 아이는 중학교 1학년 때 사정을 시작하고서 그토록 바라던 휴대폰을 손에 쥐게 되었습니다.

휴대폰을 사 주면서 아이에게 휴대폰을 바르게 사용하는 법, 조심해야 할 점에 대해 지적해 주었습니다.

"휴대폰을 너무 오래 쓰면 좋지 않아. 휴대폰 게임도 너무 많이 하면 안 되고, 그걸로 돈을 쓰는 건 더더욱 안 돼. 자기 전에 휴대폰을 하는 것도 안 돼. 눈에도 좋지 않고, 자칫하다가는 학교에 지각하고 말 거야."

처음 며칠은 드디어 휴대폰을 가지게 되었다는 흥분에 휴대폰에서 눈을 떼지 못하더군요. 하지만 얼마 지나지 않아 아이는 휴대폰 사용을 절제하기 시작했습니다.

제가 "너 휴대폰을 너무 오래 하는 것 같다"라고 지적한 적이 있긴 합니다만, 그런 것은 몇 번 되지 않았습니다. 그렇다고 아이가 휴대폰을 얼마나 붙잡고 있나 제가 내내 감시하고 있었던 것도 아닙니다. 밖에 나가 일하느라 그럴 수 있는 상황도 아니었고요. 아이가 스스로 휴대폰 사용 원칙을 세우고 지킨 것이었습니다.

아이가 저의 지적을 그만큼 진지하게 받아들였기 때문일까요? 그것도 한 이유일 거예요. 하지만 보다 근본적인 이유는 평소에 제가 아이 앞에서 휴대폰을 사용했던 방식에 있다고 생각합니다.

저는 아이 앞에서 휴대폰을 잘 사용하지 않았습니다. 사실 무언가를 간단히 검색한다든가 확인해 볼 때는 휴대폰만큼 편리한 것이 없지요. 하지만 저는 굳이 컴퓨터를 켜서 했습니다.

아이 앞에서 휴대폰을 사용하는 것은 전화가 올 때뿐이었습니다. 그마저도 가급적이면 "내가 한 시간 뒤에 전화할게요"라고 일단 끊고 나서, 아이가 자기 방에 들어가 있거나 학원에 갔을 때 다시 통화를 했습니다.

제가 이렇게 한 것은 저에게도 스스로 세운 휴대폰 사용의 원칙이 있었기 때문입니다. 바로 '휴대폰으로 인해 가족과의 시간을 소홀히 하지 않는다'였습니다. 이런 점을 아이에게도 분명히 말해 주곤 했습니다.

"엄마는 밖에서 일을 하다 보니 집에 와서 너와 함께 있는 시간이 가장 소중해. 그래서 그 시간을 위해서 휴대폰을 가급적 안 사용하는 거야."

여러분은 어떠신가요? 아이가 휴대폰을 많이 사용할까 걱정하고 있지만 사실은 엄마를 비롯해 어른들이 더 많이 휴대폰에 빠져 있지 않나요? 집 안에서도 여전히 휴대폰을 바라보고 있지 않나요?

'하루 종일 일하다가 잠깐 휴대폰 보면서 쉬는 건데.'

'일 때문에 어쩔 수 없이 휴대폰을 하는 건데.'

'친구들이랑 수다 좀 떨면서 스트레스를 푸는 건데.'

이런 이유들을 대면서 말입니다.

그런 이유들로 어른이 휴대폰을 붙잡고 있을 수 있다면, 아이라고 그러지 말라는 법이 어디 있나요? 그런 어른들의 모습에 익숙해진 아이는 자신만의 휴대폰이 생겼을 때 그 모습을 똑같이 따라 하게 됩니다.

휴대폰 사용은 생활습관의 문제이고, 생활습관은 아이에게 일방적으로 설교해서 바르게 할 수 있는 성질의 것이 절대 아닙니다. 엄마도 아빠도 먼저 생활습관 면에서 롤모델이 되어 주어야 합니다.

제가 '아이가 휴대폰을 많이 사용하는 건 다 엄마 아빠 보고 배워서다'라고 단정 지으려는 것은 아닙니다.

'나는 억울하다. 정말로 아이 앞에서 휴대폰 사용을 자제했는데도 아이가 저렇게 휴대폰을 많이 하다니.'

이런 분들도 물론 계실 거예요. 이때도 일방적인 잔소리로는 아이의 휴대폰 사용을 줄일 수 없습니다.

아이와 엄마의 관계가 좋으면, 즉 아이와 엄마 사이에 대화가 원활하면 아이의 생활습관을 바로잡기도 쉬워집니다. 관계대화를 통해 아이와 휴대폰 사용에 대한 규칙을 함께 정하세요. 이때 아이의 의견에도 충분히 귀 기울여 주셔야 합니다. 그러지 않는다면 결국 다시 일방적인 잔소리로 돌아갈 뿐이에요.

제 아이는 고등학교 때 휴대폰을 스마트폰에서 구식 폴더폰으로 바꾸었습니다. 제가 뭐라고 한 것도 아닌데 스스로 내린 결정이었습니다.

"엄마, 내가 공부를 열심히 하려고 하는데 스마트폰을 가지고 있으면 자꾸 방해가 되네. 당분간은 폴더폰을 쓰고 싶어."

아이가 이런 결정도 할 수 있었던 건, 애초에 아이가 알아서 휴대폰 사용을 조절하는 습관을 키운 덕분이겠지요. 절대 자랑하는 게 아니랍니다. 평상시 관계대화로 훈련을 한 긍정적 효과를 있는 그대로 알리고 싶었답니다.

아들과의 대화법

09

게임에 빠져 있는 아들에게

"게임에 대한 규칙을 스스로 세워 봐."

아들 가진 엄마들에게 게임은 휴대폰과 함께 2대 '공공의 적'입니다. 휴대폰보다는 게임에 더 빠져 있는 아이들도 많지요. 아예 휴대폰 게임에 빠져 있기도 하고요.

제 아들도 게임을 너무나 좋아했습니다. 아주 환장을 했다고 해도 과장된 표현이 아닐 거예요.

너무 게임을 좋아하기에 초등학교 1학년 때 현직 프로게이머와 만나게 해 준 적도 있어요. 모 기관의 어린이 진로 프로그램 신청을 통해서였습니다. 그때 그 프로게이머분은 아이들에게 이렇게 말했습니다.

"여러분, 프로게이머가 되려면 지금 게임을 열심히 해야 될까요? 아니에요. 학교 공부를 열심히 해야 해요. 학교 공부가 다 프로게이머와 연관되어 있거든요. 게임에 전쟁이 많이 나오는데 해외나 국내 역사를 공부하면 좋아요. 또 전 세계 게이머들과 게임을 즐기려면 영어 공부는 필수예요. 게임 캐릭터는 디자인으로 미술과 연관되어 있고, 배경 음악을 즐기려면 음악적 감성을 키워야 하지요. 체육을 잘하면 캐릭터의 동작들을 더 잘 이해할 수 있고 게임 스토리 전개를 하려면 국어 공부를 해야 한답니다. 알겠죠?"

제 아들은 초롱초롱한 눈으로 이야기를 열심히 들으며 "네!" 하고 대답하더니 한동안 공부를 열심히 했습니다. 그게 아주 오래가지는 않았지만요.

그러다 4학년 때는 제가 좀 화가 나더라고요. 이제 본격적으로 학교 숙제가 많아지는데, 아이가 집에 돌아와서 숙제도 안 한 채 게임부터 하곤 했거든요. 그래서 게임에 대한 규칙을 분명하게 세워야 할 시기가 왔다고 생각했습니다.

엄마들이야 우리 아들이 게임 따위는 일절 하지 않았으면 하고 바라겠지만 현실적으로 그건 힘들어요. 게임은 이미 하나의 거대한 산업이자 대중적인 취미 활동으로 성장했습니다. 요즘 텔레비전에서 가장 눈에 띄는 것이 게임 광고일 정도잖아요. 그

아들과의 대화법

렇다면 아이와 엄마가 머리를 맞대고 게임에 대한 규칙을 만들고 아이 스스로 게임 시간을 조절하는 생활습관을 세우도록 해 주는 것이 최선의 방법입니다.

저는 불만이 있을 때마다 아들과의 가족회의를 소집했습니다.

"엄마는 네가 게임을 좋아하는 거 존중해. 하지만 학교에서 돌아왔으면 먼저 숙제부터 하면 좋겠어. 숙제를 마치고 게임을 하면 어떻겠니? 그러면 엄마도 속상하지 않아서 좋고, 너도 엄마 눈치 안 보고 게임을 하니 좋잖아."

"엄마, 나는 게임을 먼저 한 다음에 숙제를 하는 게 나을 것 같아. 그러면 게임을 하게 해 준 엄마한테 고마워서 더 기쁜 마음으로 열심히 숙제를 하게 될 거야."

저와 아들의 생각이 계속 평행선을 달리자 아들이 의견을 냈습니다.

"그럼 일주일씩 실험해 보자. 처음 일주일은 내가 원하는 게임 먼저 하고 나서 숙제를 하고, 그다음 일주일은 엄마가 원하는 숙제 먼저 하고 나서 게임을 하는 걸로."

"좋아. 대신 게임하는 시간이랑 숙제하는 시간은 똑같이 하는 거다."

이렇게 해서 2주 동안의 실험이 이어졌습니다. 마침내 실험을 끝낸 날, 아들은 그 결과를 설명하더군요. 게임을 먼저 했더니 이긴 날은 기분 좋게 숙제를 하지만, 진 날은 기분 나쁜 채로 숙제를 하게 되더랍니다. 그런가 하면, 숙제를 먼저 했더니 빨리 게임이 하고 싶어서 숙제를 대충대충 하긴 했지만, 대신 게임을 맘 편하게 할 수 있었다고 하고요. 그래서 아들이 내린 결론은 이것이었습니다.

"내 생각에는 게임을 먼저 하는 게 나은 것 같긴 한데, 엄마 말대로 숙제를 먼저 하는 것도 장점이 있는 것 같아. 그러니까 이제 하루하루 번갈아 가면서 할래. 하루는 게임 먼저 하고, 하루는 숙제 먼저 하고."

저는 아이의 선택에 동의했습니다. 아이도 아이 나름으로 엄마를 존중해서 그런 선택을 내린 것이니 저도 아이를 존중해 주어야 했지요.

그렇게 세워진 규칙을 아이는 잘 지켰습니다. 저도 게임하는 아이를 보며 열을 받는 일이 줄었습니다. 사실 게임 시간 자체가 드라마틱하게 확 적어진 것은 아니었습니다. 하지만 중요한 사실은, 제가 목소리를 높이는 상황이 줄어들었다는 것입니다. 아이가 스스로 게임 시간을 조절해야 한다고 인식했고, 규칙을 세우는 과정에 적극적으로 참여했으며, 그 규칙을 책임감 있게 지켰기 때문입니다. 그 이후로 아이는 숙제가 많을 때라든가 시험을 볼 때는 알아서 게임 시간을 줄이면서 자제하더군요.

아들과의 대화법

저는 엄마들도 게임에 대한 인식을 조금은 바꾸시면 좋겠습니다. 게임을 아이의 취미로 존중하고 동참해 준다면 오히려 게임을 통해 엄마와 아이의 사이가 더욱 가까워질 수 있습니다. 한 없이 게임만 하는 걸 내버려 두라는 뜻이 아니에요. 어떤 취미든 일상을 방해할 정도로 과하면 안 되잖아요. 엄마도 아이만큼 게임을 많이 해야 한다는 뜻도 아니에요. 엄마에게도 자신만의 생활과 취미가 있을 테니까요. 다만, 아이의 게임에 관심을 보이고, 그 게임에 대해 대화해 보시고, 때로는 함께해 보기도 하세요.

2부에서 잠깐 언급해 드렸듯이, 저는 아이가 원해서 6학년 졸업식 때 피시방에 간 적이 있어요. 졸업 선물로 둘이서 국내 여행을 다녀오고 다음으로 피시방에 갔지요. 초등학교 졸업 선물로 세 가지 무엇을 받고 싶으냐고 물었더니 아이가 대뜸 "엄마랑 피시방 가서 하루 종일 라면 먹으면서 게임하기!"라고 외쳤거든요. 저는 피시방에 난생처음 가는 것이었지요. 아이의 바람대로 아침 일찍부터 저녁 늦게까지 피시방에 머물며 아이와 함께 게임을 했습니다. 세 끼는 다 피시방에서 파는 라면으로 때웠고요.

제가 처음 아들의 입을 통해 게임 룰을 배우면서 게임을 해 보니 재미있는 요소들이 곳곳에 숨어 있는 게 보이더군요. 노력하는 만큼 레벨이 오르기에 성취력이 높은 아이들일수록 빠질 것 같고요. 이를 이용해 나중에 다른 곳에서 성취력을 느끼도록 찾아 주면 되겠더라구요.

또 피시방 사장님이 "엄마랑 같이 오다니, 너 대단하구나!" 하며 감탄했을 때 아이가 은근히 뿌듯해했습니다. 성인이 된 아이는 요즘도 피시방에 함께 갔던 그날 하루를 어릴 적 최고의 추억 중 하나로 꼽곤 합니다.

아들과의 대화법

10

자극적인 유튜브를
좋아하는 아들에게

"네가 재미있게 보는 영상은 어떤 거야, 엄마랑 같이 볼까?"

요즘의 엄마 세대가 아이였을 때 가장 영향력 있는 미디어라면
단연 공중파 방송이었을 겁니다. 그렇다면 요즘 아이들에게는
무엇일까요? 제 주변 엄마들은 이렇게 말씀하시더군요.

"당연히 유튜브죠."

"우리 애는 유튜브만 봐요."

유튜브의 영향력이 커진 만큼 유튜버들도 스타로 떠올랐습
니다. 구독자 수가 많은 유명 유튜버들은 웬만한 연예인 부럽지
않을 정도로 팬들의 지지를 받습니다. 아이의 손에 이끌려 유튜
버들의 오프라인 행사나 팬미팅에 가보았다는 엄마들도 보았습

니다.

공중파 방송이라고 해서 무조건 건전하다고 보장할 수 있는 것은 아닙니다. 과거보다 나아졌다고는 하나, 드라마며 예능이며 광고 등에서 편견이나 차별이 담긴 내용들이 여전히 눈에 띕니다. 하지만 적어도 공중파 방송은 정식으로 심의 기구도 있고 모니터단도 있다 보니 최소한의 기준이라는 게 엄연히 존재하지요.

그에 비해 유튜브는 이렇다 할 심의 없이 개인들이 자유롭게 영상을 올립니다. 유튜브 자체적으로 검열을 한다고는 합니다만 글쎄요, 성인들이 보기에도 난감하거나 민망한 내용을 담은 영상들이 너무나 많다는 사실을 여러분도 잘 아실 거예요.

이러한 유튜브 영상들이 아이들에게 고스란히 노출되고 있습니다. 일부러 위험하거나 황당한 행동을 하는 영상, 가짜 뉴스를 퍼뜨리는 영상, 거친 욕설이나 속어를 마구 쏟아내는 영상 등등 너무나 다양합니다.

여자아이들보다도 남자아이들이 자극적인 영상에 더 쉽게 빠져들곤 합니다. 왜일까요? 자극적인 영상일수록 기존의 가부장주의, 남성 우월주의를 담은 경우가 많기 때문입니다.

제가 특히 걱정스럽게 여기는 영상은 특정한 집단, 특히 소수자를 비하하는 영상입니다. 여성, 장애인, 외국인 등이 주요 타깃이 됩니다. 때로는 몸이 왜소한 남성같이 이른바 남성성이 강하지 않은 남성 역시 비하의 대상이 되기도 합니다.

그렇기에 엄마는 미디어 교육의 연장선에서 아이와 유튜브 시청에 대해 대화를 나누어야 합니다. 이제는 미디어 교육에서 가장 중요하면서도 시급한 대상이 유튜브가 된 것 같다는 생각도 듭니다.

제가 아들을 키울 때는 아직 유튜브가 지금만큼 활성화되기 전이었습니다. 그래서 대신 음란 영상을 가지고 아들과 대화했던 경험을 바탕으로 여러분에게 조언을 드리려 합니다.

무조건 아이에게 "그런 거 보지 마!"라고 말하는 것은 효과가 없어요. 그것은 애초에 대화도 아니고요. 유튜브에 대해 아이와 대화할 수 있는 환경을 만드셔야 합니다.

일단은 아이가 좋아하는 영상을 한번 보시라고 권해 드립니다. 따로 보지 말고 기왕이면 같이 보세요. 저는 아들과 조금 야하고 거친 말을 하는 영상을 함께 보았습니다. 아들에게 "네가 요즘 재미있게 보는 영상 열 편을 엄선해서 가져와 봐"라고 했지요.

영상을 보면서 아이에게 물어보세요. 이 영상을, 또는 이 유튜버를 왜 좋아하는지 말이에요. 아이들이 가장 일반적으로 하는 대답은 '그냥 재미있어서' '다른 애들도 보니까'일 것입니다. 아이에 따라 좀 더 구체적인 이유를 설명할 수도 있습니다. 또는 스스로 먼저 영상의 문제점을 인지할 수도 있고요. 제 아들은 물어

보기도 전에 먼저 "엄마랑 같이 보니까 내가 이걸 보면 왜 안 되는지 알겠어"라고 하더라고요.

아이의 대답을 듣고 엄마는 이 영상을 보고 어떤 생각이 드는지, 엄마는 어떤 점이 걱정되는지 이야기해 주세요.

"너한테는 재미있을 수 있겠지만 엄마는 이 유튜버가 험한 말을 쓰는 게 불편하게 느껴져. 특히 저런 표현은 자기보다 약한 사람을 비하하는 거잖아."

"상대방한테 저렇게 하는 건 무례한 행동이 아닐까? 엄마는 만약 네가 저런 행동을 한다면 참 속상할 것 같아. 너는 어때?"

엄마가 적극적으로 다른 영상도 권해 주세요. 아이의 관심사에 맞으면서도 적절하게 균형을 맞추는 영상, 흥미로운 교양이나 상식을 주제로 하는 영상이 좋겠지요. 요즘에는 소수자의 목소리를 적극적으로 드러내는 영상들도 점점 많아지고 있답니다.

제가 아들 엄마들에게 자주 추천해 드리는 유튜브 계정이 있어요. 바로 '닷페이스'입니다. 소수자의 목소리를 담고 사회적 대안을 찾고자 하는 유튜브 미디어랍니다. 사실 제가 이렇게 이름을 알리고 책도 내게 된 데는 닷페이스가 결정적인 역할을 했습니다. 저와 아들이 성에 대해 대화를 나누는 영상 시리즈가 닷페이스에 올라가면서 사람들이 많은 관심을 보인 것이 계기가 되었거든요.

닷페이스에는 소수자뿐 아니라 노동, 환경 등에 관해 다시 생각해 보게 하는 영상들이 올라와 있습니다. 그렇다고 지루하지는 않아요. 젊은 사람들이 이끄는 미디어답게 영상 자체도 감각적입니다. 엄마와 아들이 함께 보다 보면 대화 내용이 그만큼 풍성해질 것입니다.

11

우리 집은 얼마짜리냐고
묻는 아들에게

"돈이 아니라 가족이 행복의 중심이야."

유난히 집안 경제 사정에 관심이 많은 아이가 있지요. 엄마 아빠 소득은 얼마인지, 통장에 얼마나 들어 있는지 궁금해하다가 급기야 "우리 집은 얼마야? 값이 얼마나 나가?"라고 묻기도 합니다.

이런 아이를 보며 엄마는 어느 정도까지 솔직하게 말해 주어야 할지 고민에 빠집니다. 아이들끼리 서로의 집값을 비교하고 임대아파트에 사는 친구를 무시하더라는 이야기를 들으면 우리 아이도 그런 상황에서 상처를 입거나 입히지 않을까 두렵기도 합니다.

아이들이 집안 경제 사정을 궁금해하는 상황은 성장 과정에서 자주 일어납니다. 경제 인식이 자라고 주변 어른들의 대화나 텔레비전, 신문의 경제 뉴스를 자주 접하다 보면 궁금증이 생기게 마련이지요.

제 경험상, 남자아이들이 이러한 경향을 조금 더 많이 보이더군요. 크게 두 가지가 영향을 미치기 때문입니다. 하나는 경쟁의식입니다. 집안 경제 사정에 따라 우월감이나 열패감을 느끼는 것이지요. 또 하나는 부담감입니다. 훗날 가장으로서 집안 경제를 책임져야 한다는 압박을 벌써부터 느끼는 것입니다.

제 아이는 어른들의 대화를 듣다 보니 집안 경제 사정에 관심이 많아진 경우였습니다. 하도 꼬치꼬치 질문을 하기에 하루는 제가 "너 왜 이렇게 돈에 관심이 많니?" 하고 물었습니다. 그랬더니 이렇게 대답하더군요.

"돈 때문에 우리 가족이 힘들었잖아. 엄마가 돈이 없어서 많이 속상해했잖아. 그래서 걱정되니까 그러는 거지."

제가 이혼을 결심하기 전, 평상시에도 무책임한 전남편과 생활비며 양육비 문제로 다툼이 잦았거든요. 소리를 높이는 날도 많았고요. 그 모습을 자꾸 보다 보니 아이는 돈에 대한 일종의 트라우마가 생겼나 봅니다.

아이에게 미안한 마음에 울컥했지만 꾹 참고 말했습니다.

"네가 그런 생각을 하게 만들어서 엄마가 정말 미안한 마음이

들어. 근데 네가 말한 게 사실이기도 해. 사람들은 경제적으로 너무 어려우면 서로 힘들어질 때가 많아. 경제적인 게 전부는 아니지만 중요하긴 해. 그래도 너무 걱정하지는 마. 엄마가 열심히 노력하고 있어."

아이에게 집안 경제 사정을 어느 정도나 솔직하게 말해 주어야 할지는 각 가정의 형편과 부모님의 주관에 따라 달라질 거예요. 제 경우는, 솔직하게 말해 주는 편이었습니다. 아이도 가족의 구성원으로서 경제적으로 빠듯한 사정을 알 필요는 있다고 믿었거든요. 형편이 어렵다 보니 이사도 자주 다녔는데, 아이를 데리고 이 집 저 집 보러 다니다 보니 아이는 저희 집이 얼마짜리인지부터 집에 대한 개념과 용어, 월세, 전세, 이사 비용까지 다 알아 갔습니다.

사실 엄마가 구체적으로 밝히지 않는다 해도 아이는 집안 경제 사정을 충분히 짐작하곤 합니다. 친구들과 비교하다 보면 알 수 있고, 미디어를 통해서도 알 수 있지요.

그래서 저는 아이가 집안 경제 사정이 어떠하든 거기에 휘둘리지 않고 중심을 잡도록 해 주는 것이 더욱 중요하다고 생각합니다. 이 점에 관해서는 제가 아들에게 했던 말보다 아들이 제게 했던 말을 소개해 드리고자 합니다.

싱글맘이 된 저는 아이와 함께 단둘이 살 집을 구했습니다. 방이 하나뿐인 작고 허름한 월셋집이었습니다. 아이가 새로운 학교에 첫 등교를 하는 동안 저는 지친 몸으로 이삿짐을 풀었습니다. 그런데 아이가 하굣길에 "엄마, 오늘 만난 우리 반 애들이야"라며 네다섯 명의 친구들을 데리고 들어온 것입니다. 초라하기 짝이 없는 집에 이삿짐 박스가 여기저기 널려 있는데, 이런 곳에 갑자기 친구들을 데려왔다는 사실이 너무 황당하더군요. 더구나 주변은 아파트로 둘러싸여 있어서 그 친구들은 십중팔구 아파트에 사는 아이들일 테니 무안하기까지 했습니다. 이런 엄마 마음을 아는지 모르는지, 아이는 제가 시켜 준 짜장면을 친구들과 맛있게 먹고 신나게 놀았습니다.

친구들이 돌아간 뒤에야 아이를 야단쳤습니다.

"전학 간 첫날부터 친구들을 데려오면 어떡해. 네가 이런 데 사는 거 알고 걔들이 널 나쁘게 생각하면 어떡하라고."

하지만 아들은 오히려 당당하게 말했습니다.

"엄마는 우리가 여기 사는 게 창피해? 나는 하나도 창피하지 않아. 엄마랑 나랑 같이 있는 걸로 행복하면 됐지, 이 집이 뭐가 어때서. 만약에 내가 이런 집에 산다고 나를 나쁘게 볼 친구라면 그런 친구는 나도 필요 없어."

아이의 말에 저는 머리를 한 대 맞은 기분이었습니다. 가족과의 관계가 무엇보다도 중요하다는 것, 가족과의 관계가 좋은 사람이 가장 행복한 사람이라는 것, 제가 평소에 아이에게 그토록 강조하던 말이었습니다. 아이는 어려운 형편 속에서도 제 말에 따라 중심을 잡고 있는데, 정작 제가 중심을 잃고 흔들렸던 것입니다.

아이는 새로운 학교에 잘 적응했고, 그날 데려온 친구들과도 친하게 지냈습니다. 툭하면 친구들을 월셋집으로 초대해 부산스럽게 노는 것은 물론이었고요.

어느 상황에서든 관계가 중요하다는 점, 형편이 넉넉하든 어렵든 간에 그것으로 인해 가족 관계나 친구 관계가 흔들려서는 안 된다는 점을 아이에게 알려 주세요. 돈이 아니라 관계가 아이의 중심이 되게 해 주세요. 무엇보다, 엄마 아빠도 경제 형편으로 인해 위축되지 마세요. 경제적으로 남들보다 나은 것보다 아이와 관계가 좋은 것이 엄마 아빠의 진정한 자랑거리입니다.

12

습관적으로 미루는 아들에게

"더 이상 미루지 않을 수 있는 규칙을 세워 보자."

게임을 하는 아이에게 밥을 차렸으니 먹으라고 하자 "이거 조금
만 더 하고…"라는 대답이 돌아옵니다. 뒹굴뒹굴하는 아이에게
학원에 갈 시간이니 옷을 입으라고 하니 "조금만 더 있다가…"라
고 합니다. 텔레비전을 보는 아이에게 이제 잠자리에 들라고 하
자 "요거까지 조금만 더 보고…"라는 대답이 돌아옵니다.

　아니나 다를까, 아이가 말한 '조금만'은 기약 없이 늘어집니
다. 엄마는 참고 참다가 결국 "너, 얼른 안 움직여!" 하고 소리치
고 맙니다.

　해야 할 일을 질금질금 자꾸 미루는 아이. '미루기의 습관화'

라고 할까요. 이런 아이의 모습은 엄마를 은근히 열받게 합니다.

엄마 입장에서는 '얘는 왜 해야 할 일을 자꾸 미루는 걸까' 하는 생각이 드시겠지요. 아이가 규칙을 어긴다고 여깁니다. 그런데 아이 입장은 엄마와 다릅니다. '내가 지금 미루고 있다'라고 생각하지 않아요. 그저 자신이 한창 하고 싶은 일에 계속 몰두하고 있을 뿐입니다.

그러니 우선 아이가 규칙으로 분명하게 인식하도록 해 주어야 합니다. 엄마가 "그렇게 미루지 말고 바로바로 좀 해라" 하고 야단치는 것은 그다지 효과적이지 않아요. 엄마의 수많은 잔소리 중 하나로 흘려보내기 일쑤입니다. 제가 추천드리는 방법은 가족회의를 열어 대화하는 것입니다.

가족회의에서는 엄마 아빠뿐 아니라 아이도 충분히 발언권을 가져야 합니다. 아이가 자꾸 미루는 것을 엄마가 먼저 문제 제기를 할 수는 있지만, 앞으로 어떻게 할 것이냐에 대해서는 아이의 의견에도 귀 기울여 주세요. 또한 규칙을 지키지 못했을 때는 어떻게 할지, 일종의 벌칙에 대해서도 아이와 함께 정해 두세요.

가족회의를 해 보면 "나는 무조건 내 마음대로 할 거야"라고 막무가내로 나오는 아이는 없답니다. 엄마의 문제 제기에 나름대로 진지하게 대안을 떠올리려고 애쓰지요.

물론 아이의 의견이 엄마 성에 차지 않을 수도 있습니다. 엄마

아들과의 대화법

는 무엇이든 바로바로 했으면 하는데 아이는 "그럼 5분씩만 있다가 할게" "이건 바로 하고 저건 좀 더 있다가 해도 되는 걸로 할게" 같은 의견을 낼 수 있거든요. 그렇다 해도 "그건 안 돼!" 하고 끊지 마시고 "엄마 생각은…" 하고 아이와 의견을 조율해 보세요. 아이의 의견을 반영해 주셔야 아이는 '내가 스스로 규칙을 세웠다, 나는 이 규칙에 책임이 있다'라는 마음가짐을 지닐 수 있습니다.

이렇게 해서 세운 규칙을 아이가 꼬박꼬박 잘 지킨다면 더할 나위 없이 좋겠습니다만, 현실은 그렇게 되지 않을 가능성이 더 큽니다. 이때 엄마가 "너 또 미루니? 왜 맨날맨날 미루는 거야!" 하고 감정적으로 나오기 쉬운데요. 화가 나더라도 최대한 사실 관계만 지적해 주세요. "5분만 더 한다고 했는데 지금 벌써 10분째야"라는 식으로요. 아이를 비난하는 것이 아니라 아이가 규칙을 어기고 있다는 객관적인 사실을 알려 주는 것입니다. 그리고 규칙을 지키지 않았을 때의 벌칙을 수행하시면 됩니다.

사실 저는 아이들이 무언가를 미룸으로써 스스로 손해를 보는 경험도 해 봐야 한다고 생각합니다. 아이들은 왜 자꾸 미룰까요? '미뤄도 별로 손해 볼 게 없으니까'라는 게 가장 큰 이유입니다. 그렇게 미루면 어떤 결과가 일어나는지 경험을 통해 깨우쳐야 합니다.

제 아이는 아침에 일어나는 것을 자꾸 미루곤 했습니다. 한마디로, 자주 늦잠을 잔 것이지요. 저도 처음 한동안은 아이를 일으키려고 얼마나 신경을 썼나 모릅니다. 점점 목소리가 높아져서 나중에는 거의 소리를 치다시피 하며 아이를 닦달했습니다. 그러다 이런 식으로는 안 되겠다 싶어 경고했습니다.

"아침에 일찍 일어나서 학교 가는 건 네 의무야. 네가 지켜야 하는 일이지, 엄마가 지켜야 하는 일이 아니야. 앞으로는 엄마가 한 번만 깨우고서 그 이후로는 재촉하지 않기로 했어. 네가 스스로 일어나도록 해."

아이는 자신 있게 "응, 알았어!" 하더군요. 하지만 아침이 되자, 지금껏 그래 왔듯 또다시 "1분만…" 하고 비몽사몽 중얼거렸습니다.

저는 제가 한 말을 지켰습니다. 아이를 더는 깨우지 않고 내버려 두었지요. 그 결과, 아이는 평소보다 훨씬 더 늦게 일어나고 말았습니다. 결국 학교에서 아이를 찾는 전화가 걸려 오고서야 허둥지둥 일어나서 학교로 향했습니다.

그날 이후로 아이는 더 이상 미루지 않고 벌떡 일어나기 시작했습니다. 미뤄 보았자 자기만 손해라는 것을 알게 되니 정신이 번쩍 들었나 봅니다.

이렇게 아이가 미루었다가 손해를 보는 경험을 하도록 두는

아들과의 대화법

것이 엄마로서는 쉽지 않은 일이긴 합니다. 아이가 무엇이든 간에 손해를 본다는 것 자체가 꺼려질뿐더러 엄마로서 비난을 받을까 두렵기도 하니까요. "엄마가 어떻게 했기에 애가…" 하는 비난 말이지요.

하지만 길게 생각할 필요가 있습니다. 언제까지나 엄마가 챙겨 줄 수는 없잖아요. 엄마가 어떤 식으로든 해결해 주다 보면 아이는 미루기 습관을 가진 채 성인이 됩니다. 엄마가 진정으로 원하는 미래가 그런 것은 아니잖아요.

더불어 미루기 습관이 아들 문제 영역인지, 엄마 문제 영역인지 경계를 나누어 고민하시길 바라요. 늦게 일어나서 지각하는 것은 아들 문제 영역입니다.

이제 제 아이는 엄마가 따로 깨우지 않아도 알아서 일어납니다. 아이가 늦잠을 자고 있으면 저도 '오늘은 늦잠을 자도 되는 날인가 보네' 하고 내버려 둡니다. 다만, 가끔 아이가 전날 미리 "엄마, 내일은 내가 꼭 일찍 나가야 하니까 엄마가 깨워 주면 좋겠어" 하고 부탁을 하면 들어주긴 합니다. 아들이 엄마에게 도움을 요청하도록 대화를 만들어 보세요.

13

사회 문제에 민감한 아들에게

"사회를 변화시키는 일을 함께해 보자."

아이들이 어느 정도 머리가 굵어졌다 싶으면 사회 이슈에 제법 목소리를 내기도 합니다. 요즘은 인터넷을 통해 수많은 뉴스를 볼 수 있다 보니 아이들이 사회 이슈를 접하기도 더욱 쉬워졌고요.

예전에는 "공부나 하지, 쓸데없는 데 관심을 두니" 하는 반응을 보이는 엄마들이 많았는데 요즘은 인식이 달라진 것 같아요. 엄마가 먼저 적극적으로 아이에게 사회 문제를 이야기해 주기도 하고, 일부러 촛불집회 같은 장소에 아이를 데리고 나가기도 합니다. 저는 이런 변화를 긍정적으로 생각해요. 아이도 우리 사회의 어엿한 구성원이잖아요. 더구나 가정에서도 시민교육이 필요하고요.

그런데 아무래도 사회 이슈라는 게 우리 사회가 가진 어떤 문제점이라든가 미흡한 점인 경우가 많지요. 게다가 완벽하게 해결되지 못하고 계속해서 이어지며, 이 과정에서 피해를 보거나 희생되는 사람들이 있어요. 저녁 뉴스만 봐도 그렇잖아요.

그래서 아이가 사회 이슈에 관심을 가지면 자칫 우리나라에 대한 불신에 빠지기 십상입니다. 기성세대를 원망하는 마음을 가지기도 하고요.

제 아이가 딱 그랬답니다. 또래들과 비교해서도 유난히 뉴스에 몰입하는 편이었는데, 언젠가부터 이런 말들을 하더라고요.

"우리나라는 정말 이상한 것 같아. 나중에 이민 가야 하나."

"정치인들은 대체 왜 그래. 맨날 싸우기만 하고. 그러니까 나라가 이 모양이지."

"자기 회사에서 일하는 사람들이 죽었는데 어떻게 저러지. 사장들은 다 나쁜 인간들인가 봐."

제가 앞서 미디어를 보면서 아이와 함께 대화를 나누라고 여러 번 말씀드렸지요. 뉴스나 신문을 보면서 대화를 나누는 것도 여기에 포함됩니다. 저는 아이가 궁금해하는 사회 이슈를 놓고 자주 대화를 나누곤 했는데요. 이때 그 이슈에 대한 저의 의견도 적극적으로 이야기했습니다. 아이와 생각이 같으면 왜 같은지, 다르면 왜 다른지 말하곤 했습니다.

저도 친구들과 대화를 하는 것이라면 제 아이와 같은 푸념을 쉽게 말하곤 했을 거예요. 하지만 아이 앞에서 저는 엄마잖아요. 그렇기에 꼭 이 말을 당부했습니다.

"우리 사회가 아직 부족한 부분이 참 많지? 어른들이 그렇게 만들어서 미안해. 그래도 어른들이 그동안 많이 노력해서 우리 사회가 예전보다는 나아지고 있는 거야. 그러니까 너도 우리 사회를 변화시키는 사람이 되어야 해. 그러면 나중에는 우리 사회가 지금보다 더 좋은 모습이 될 거야."

단지 아이가 비관주의에 빠질까 봐 걱정해서가 아니라, 저의 진심이 담긴 말이었습니다. 정말로 제 아이가 이 사회가 더 나아지는 데 보탬이 되는 사람으로 성장하길 바라는 엄마의 마음이었습니다.

그런데 사실 이런 마음은 대화만으로 전달하기에는 한계가 있습니다. 직접 행동으로 보여 주어야지요.

저는 아이와 장애인 시설에 봉사 활동을 다니곤 했습니다. 저 스스로 사회에 보탬이 되는 일을 하고 싶었고, 아이에게도 그런 일을 직접 경험하게 해 주고 싶었기 때문이었습니다. 학교에서 요구하는 봉사 활동 시간을 때우기 위해 대충 시늉만 하는 아이

　　　　　　　　　아들과의 대화법

들도 많지요. 저는 제 아이가 봉사 활동을 그런 것으로 인식하지 않고 진지하게 대하기를 바랐습니다.

봉사 활동을 하면서 아이는 사회를 위한 일을 하고 있다는 뿌듯함을 느꼈다고 해요. 함께 봉사 활동을 하는 여러 사람을 접하며 '아, 우리 사회를 위해 애쓰는 사람들이 이렇게 많구나' 하는 생각이 들기도 했다고 하고요.

그때 시작한 봉사 활동은 십수 년이 훌쩍 지난 지금까지 꾸준히 계속하고 있습니다. 아들도 여전히 저와 함께 다니고요. 더불어 아들은 저소득층 아이들을 위한 봉사에 나서기도 하고 해외로 봉사활동을 가기도 합니다. 제 손에 이끌려 봉사를 시작한 아들이 이제는 저보다도 더 봉사에 열심입니다.

14

여자아이들과 노는 것을
더 좋아하는 아들에게

"너는 왜 여자아이들하고 노는 게 더 좋아?"

여러 아이들이 서로 어울려 놀 때 보면 대체로 남자아이들은 남자아이들끼리, 여자아이들은 여자아이들끼리 모이는 걸 볼 수 있습니다. 어린이집보다 유치원에서, 유치원보다 학교에서 이런 경향이 강해지지요. 선천적인 성별 차이도 영향을 미치지만, 그보다는 후천적으로 성별에 따라 다르게 길러지는 경험이 훨씬 더 큰 영향을 미친다고 생각합니다.

하지만 여기에서 그 원인을 따지려는 것이 아닙니다. 이러한 상황에서도 유독 여자아이들과 더 잘 어울려 노는 아들 이야기를 하고 싶은 것입니다.

아들이 이런 행동을 보이면 엄마들은 이렇게 말씀하십니다.

"남자애인데도 저렇게 여자 친구들하고 더 잘 노는 거 괜찮을까요? 나중에 남중, 남고에 갈 수도 있고 군대도 가야 할 텐데 남자들끼리만 있는 집단에서 잘 적응할까 걱정돼요. 남자 친구들과 더 많이 시간을 보내도록 유도해야 할까요?"

제 아들이 딱 그런 남자아이였답니다. 자신은 남자이면서도 여자아이들과 어울리는 것을 선호했습니다.

유치원 때부터 그러더니 초등학교 때도 여전했어요. 남녀공학인 중학교와 고등학교를 다니는 동안에도 친구들 중에 여자아이들이 절반을 훌쩍 넘었습니다. 제 아이가 특별히 인기가 많아 여자아이들이 졸졸 쫓아다닌 건 결코 아니에요. 어디까지나 편한 친구 관계였지요.

유치원 때까지 여자 친구들과 놀던 남자아이라도 초등학교에 입학한 이후에는 남자 친구들의 비중이 훨씬 늘어나곤 하는데 제 아들은 초등학생이 되어서도 계속 여자 친구들이 더 많으니 저도 좀 의아하더라고요.

그래서 아들에게 직접 물어보았지요. "너는 왜 여자아이들하고 노는 게 더 좋아?"라고요. 아들의 대답은 초등학교, 중학교, 고등학교에서 이렇게 달라졌습니다.

초등학교 때 남자애들 중에는 얘기할 때마다 욕하는 애들이 많아서.

중학교 때 남자애들은 맨날 게임 얘기만 하니까.

고등학교 때 남자애들은 자꾸 야동 얘기를 꺼내잖아.

이 대답들만 보고 제 아들이 욕도 안 하고 게임도 안 하고 야동도 안 봤을 거라고 오해하지는 말아 주세요. 제 아들도 때로 욕도 하고, 게임에 빠지기도 하고, 야동을 봤다가 저한테 들키기도 했습니다. 다만, 친구들과 놀 때 그런 것들 위주로 대화가 이루어지는 상황은 그다지 즐겁지 않았던 모양이에요. 그에 비해 여자아이들과 있을 때는 대화 주제가 훨씬 풍부했기에 자연스레 여자 친구들과 어울리곤 했던 것이지요.

노파심에 한 가지 짚고 넘어가자면, 이 대답들을 보고 "아, 남자애들은 대화거리가 저 모양이구나" 하고 일반화하는 오해도 하지 말아 주시면 좋겠어요. 물론 남자아이들 중에 그런 아이들이 좀 더 많은 것은 사실이겠지요. 우리 사회에서 욕설이나 게임, 음란 영상은 남성 문화에 더 가까우니까요. 하지만 그렇다고 '모든 남자는 다 그래' 하는 식으로 여기는 것은 또 하나의 편견일 뿐입니다.

그렇게 제 아들에게는 계속 여자 친구가 더 많았지만 그로 인해 별다른 문제가 된 적은 한 번도 없었습니다. 여자 친구가 더 많다는 이유로 남자 친구들과 갈등이 일어나지도 않았고요.

오히려 여자 친구들 덕분에 학습이며 진로 면에서 도움을 많이 받았어요. 특히 고등학교 때 제 아들에게 같이 영어 웅변대회에 나가자고 이끌어 준 여자아이는 제가 두고두고 고맙게 생각하고 있어요. 그 대회가 계기가 되어 4학년 대학을 꿈도 못 꾸었던 아들이 특기자 전형으로 대학에 들어갈 수 있었거든요.

제 아들은 그저 성향에 따라 친구를 사귀었을 뿐입니다. 상대가 여자아이라서가 아니라 성향에 맞는 아이와 친하게 지낸 결과, 의도치 않게 여자 친구들의 비중이 늘어난 셈입니다.

성별이 아니라 성향에 따라 사귀다 보니 여자아이들과 더 많이 어울리는 것이라면 그다지 걱정할 필요가 없다고 생각해요. 그만큼 성별에 구애받지 않고 자신의 성향을 잘 파악하고 있는 것이니 오히려 칭찬받아야 할 일이 아닐까요.

저러다 남자아이들과 어울리지 못하면 어떡하나 하는 걱정은 기우입니다. 성별이 아니라 성향에 따라 친구를 사귀기 때문에 성향만 맞다면 남자아이들과도 얼마든지 친구가 될 거예요.

고등학교 때까지만 해도 여자 친구들 비중이 높던 제 아들은 대학교에 간 뒤로 남자 친구들의 비중이 높아졌습니다. 주위에 성향이 잘 맞는 남자아이들이 많아지니 반가웠던 모양입니다.

그런데 만약 아이가 성향보다는 성별을 우선해서, 즉 이성에 대한 호감으로 여자 친구를 더 많이 사귀는 것이라면 다르게 접근해야 합니다. 막아야 한다는 의미가 아닙니다. 이때는 연애 예절을 가르쳐 주어야지요.

연애 예절의 자세한 사항은 성교육 책에 이미 담았기에 여기서는 핵심 두 가지만 짚어 드릴게요. 하나, 상대의 자기결정권을 인식하고 존중하는 것입니다. 둘째, 몰래 사귀지 말고 공개적으로 사귀는 것입니다. 특히 둘의 관계에서 무언가 문제가 있거나 고민이 될 때 가장 먼저 부모와 상의하도록 당부해야 합니다.

한편, 저는 아들의 친구 관계가 너무 남자아이들 일색인 경우에 엄마들이 고민해 보아야 한다고 생각합니다. 물론 남자아이들끼리 어울리는 것 자체가 곧바로 문제가 된다는 의미는 아닙니다. 하지만 여성 등 소수자에 대한 존중이 부족하거나 성교육이 부족한 상태에서 남자아이들끼리만 어울리다 자칫 소수자 비하 문화에 빠질 수 있거든요. 이 책에서 언급했던 '느금마'라는 욕설이 그 대표적인 예시이고요.

'남자아이니까 친구들도 남자아이인 게 당연하지' 하고 그러려니 넘어가는 경우가 많은데요. 한 번쯤은 남성이든 여성이든 가치관과 성격에 맞는 친구를 사귀도록 주의 깊게 살펴보시면 좋겠습니다.

아들과의 대화법

15

친구와 싸운 아들에게

"그 상황에서 어떻게 하는 게 좋았을까?"

아이의 친구 관계는 엄마에게 늘 신경 쓰이는 부분입니다. 아이가 친구와 갈등을 겪으면 엄마도 마음이 편하지 않습니다.

예전에는 "애들은 원래 싸우면서 크는 거지" 하고 넘어가는 경우가 많았지요. 아이들은 마치 서로 다시는 보지 않을 것처럼 싸우다가도 금방 풀어져 같이 놀곤 하는 것이 일상이니까요. 그런데 요즘은 학교 안팎으로 폭력이나 왕따 문제가 불거지다 보니 엄마들도 과거보다 예민하게 여기시더군요.

저는 '아이들은 원래 싸우면서 크는 거다'라는 말을 고민해 보았습니다. 싸울 때 진짜 본심이 나오기 마련이고 잘 싸워야 관계가 돈독하게 유지될 수 있다는 것, 엄마와 아이의 관계에서도 강조드린 부분인데 친구 관계에서도 마찬가지로 통하는 내용입니다. 아이들은 친구와의 갈등을 통해 인간관계에 대해 배워 나갑니다.

물론 혹시 아이가 친구 관계에서 심각한 상황일 수도 있으니 조심해서 살펴보아야 하긴 하지요. 제가 아이들을 상담해 보니, 단순한 싸움이 아니라 학교 폭력이나 왕따같이 정말로 심각한 상황에서는 오히려 아이들이 엄마에게 말하기를 꺼려했습니다. 그렇다 보니 엄마가 아이에게서 평소와 달라진 점을 포착해 알게 되는 일이 더 많았습니다. 그러니 아이가 친구와의 갈등을 이야기하면 지레 놀라지 마시고 차분하게 대화를 해 보세요.

그렇다면 아이가 친구와 싸우고 속상해하고 있을 때 엄마는 어떤 말을 건네는 것이 좋을까요? 이때 엄마들이 자주 하시는 실수가 있습니다. '아이에게 공감해 줘야지' 하는 마음에 아이의 친구를 비난하는 것입니다.

제가 상담한 한 아이의 사례를 알려 드릴게요. 이 아이는 얌전하고 조용한 성격이지만, 가장 친한 친구는 평소 까불까불하며 장난을 잘 쳤습니다. 평소에 친구가 장난을 치면 아이가 받아 주는 식으로 놀곤 했지요. 그런데 어느 날 다른 일로 기분이 좋지 않던 아이에게 친구가 평소보다 더 짓궂은 장난을 쳤고, 이에 아이가 욱하면서 둘이 싸우게 되었습니다.

집에 간 아이는 엄마에게 "걔는 완전…" 하고 친구 험담을 시작했습니다. 그러자 엄마도 "그래그래, 엄마가 봐도 걔가 아주 나쁜 애 같아. 걔랑은 같이 놀면 안 되겠다" 하고 맞장구를 쳤지요.

이 아이는 자기편을 들어준 엄마에게 고마워했을까요? 기분이 좀 풀렸을까요? 아니었습니다. 오히려 엄마에게 버럭 화를 냈다고 해요.

"엄마는 왜 걔를 싫어해!"

뜻밖의 반응에 엄마도 속이 상해 아이를 탓했습니다.

"아니, 네가 먼저 말해 놓고서는 왜 엄마한테 그러니?"

아이는 집 밖에서는 친구와 싸우고 집 안에서는 엄마와 싸우게 된 셈이었지요. 나중에 아이는 제게 이렇게 설명했습니다.

"친구랑 싸워서 속상하긴 했는데, 그렇다고 걔가 그 정도로 나쁜 애는 아니거든요. 저도 그날 좀 컨디션이 안 좋아서 싸운 거잖아요. 근데 엄마가 걔를 못된 애 취급하니까 섭섭했어요."

아이는 순간적으로 욱해서 엄마에게 친구를 흉보긴 했지만, 친구와 싸우게 된 맥락을 알고 있기에 친구 관계를 끊을 생각은 전혀 없었습니다. 여전히 아이에게는 소중한 친구였죠. 하지만 엄마는 그런 맥락을 알지 못하고 아이가 지금 하는 말에만 집중하다 보니 그 친구를 나쁜 아이로 단정해 버렸던 것이고요. 어쩌면 엄마는 평소에 '우리 애가 너무 활발한 친구한테 치이는 건 아닌가'라고 걱정하고 있었고 그 일을 계기로 그러한 본심이 튀어나왔는지도 모르겠습니다.

아이에게 공감해 주어야 한다는 것은 맞는 말입니다. 하지만 아이가 친구와의 갈등으로 인해 흥분하거나 풀이 죽는 등 평소와 다른 모습을 보인다면, 그 순간의 감정을 다독여서 도와줄 부분이 있는지 아는 것으로 충분합니다. "무엇 때문에 많이 속상한지 궁금하다" 하고 말해 주는 것이 우선이에요.

그 친구에 대해 엄마가 먼저 판단을 내릴 필요는 없습니다. "그 애랑은 이제 놀지 마"라는 것도, "친구랑 싸우면 쓰나, 사이좋게 지내야지"라는 것도 아이 입장에서는 또 다른 부담이므로 아들이 판단하도록 해 봅시다. 아이가 더 이상 그 친구와는 어울리지 않겠다고 단단히 결심하든, 친구와 화해할 방법을 궁리하든, 아이의 몫으로 남겨 주세요.

사실 아이는 엄마에게 친구와의 갈등을 이야기할 때 자기에게 유리한 방향으로 말하곤 합니다. 자기 잘못을 감추려 일부러 그럴 수도 있고, 상대방 입장은 미처 헤아리지 못해서 그럴 수도 있습니다. 그런데 갈등이란 어느 한쪽이 일방적으로 잘못을 저지르기보다는, 양쪽 다 나름의 이유가 있는 경우가 많잖아요. 그러니 아이의 이야기를 귀담아듣되, 아이가 좀 더 넓은 시선에서

　　　　　　　　　　　　아들과의 대화법

문제를 바라보게 질문을 던지세요.

"그 친구는 왜 그런 식으로 말했을까?"

"그 친구가 평소에는 어땠니?"

"그 상황에서 어떻게 하는 게 좋았을까?"

그러다 보면 아이는 스스로 자신의 속을 들여다보고 그 친구에 대해, 또 그 친구와의 관계에 대해 차분히 생각하게 됩니다. 그러면 좀 더 이성적으로 판단할 수 있겠지요.

하지만 폭력, 왕따의 문제는 다릅니다. 일방적일 때는 다르므로 이와는 다르게 대화해야 합니다. 학교에 도움을 요청해야 합니다. 그 외의 경우라면 아이는 친구와의 관계대화를 통해 자신을 되돌아보면서 또 한 뼘 성장합니다.

16

친구가 별로 없는 아들에게

"꼭 친구가 많아야 하는 건 아니야."

아이가 친구와 싸우는 것도 엄마에게 걱정거리지만, 더 큰 걱정거리는 바로 아이에게 친구가 별로 없는 것이 아닐까요. 엄마는 내 아이가 같은 반 아이들과 두루두루 잘 지내길 바랍니다. 실제 그런 아이들도 있지만 그렇지 않은 아이들도 많지요.

아무래도 아들 엄마일수록 아이에게 친구가 별로 없음을 더 많이 걱정하는 것 같습니다. 아들이니까 '남자답게' '씩씩하게' '자신감 있게' 또래들 사이에서 앞장서서 나서고 목소리를 내기를 바라는 것입니다. 친구가 별로 없다고 하면 엄마는 '우리 애의 사회성에 무슨 문제가 있나' 하고 심란해집니다.

제 아들도 친구가 별로 없었습니다. 제가 이 말을 하면 제 아들을 아는 분들은 "정말요? 전혀 안 그랬을 것 같은데요?"라고 반응하지요. 친구로 인해 상처도 받아서 힘들었지만, 지금 제 아들은 믿을 수 있는 친구가 많고, 처음 만난 사람들과도 쉽게 친해지곤 하거든요. 하지만 정말이에요. 초등학교 3, 4학년 때까지도 평소에 어울리는 친구는 두어 명이 전부였습니다. 왜소한 체형에다 가정 문제로 이사를 자주 다니고, 딱히 나서는 성격도 아니기 때문에 다른 아이들에게 주목받지 못했던 것 같습니다.

그런데 친구가 꼭 많아야 할까요? 저는 그럴 필요는 없다고 생각해요. 많은 친구들과 두루두루 어울리기를 선호하는 성향이 있는가 하면, 적은 친구들과 깊이 있게 관계 맺기를 선호하는 성향도 있습니다. 어느 쪽이 더 나은 것도, 더 나쁜 것도 아니에요. 그저 개개인의 성향으로 존중받아야 합니다.

또한 친구를 사귀는 성향은 어느 정도 타고나긴 하지만 무조건 고정된 것은 아닙니다. 아이가 자라면서 바뀌기도 하지요. 하지만 바뀌도록 굳이 억지로 노력해야 하는 것은 아닙니다. 바뀌든 안 바뀌든, 그것 역시 개개인의 삶으로 존중받아야 합니다.

'친구가 많은 사교적인 사람이 사회생활도 더 잘하고 조직에서도 더 인정받는다'라는 인식이 있지요. 엄마들이 친구가 별로 없는 아이를 걱정하는 것도 이러한 인식 때문입니다. 그런데 실제로도 그런가요? 물론 사교적인 성향이 더 도움이 되는 분야도 있을 겁니다. 하지만 반대의 성향이 더 좋은 분야도 분명히 존재합니다.

여러분 주위를 보세요. 사교적이지 않아 친구가 적은 편이긴 하지만 직장에서나 가정에서나 맡은 바 직무를 성실히 수행하고 평판이 좋은 사람이 있지 않나요. 그런가 하면 사교적이어서 친구가 많지만 성과가 좋지 않은 사람도 있고요.

아들이라고 해서 꼭 사교성과 리더십을 갖춰야 하는 것은 아닙니다. 성향에 맞지 않게 억지로 친구를 사귀려고 하는 것은 아이에게 스트레스가 됩니다. 아이가 적은 친구와도 잘 지내고, 친구를 많이 사귀고 싶어 안달하는 것이 아니라면 너무 걱정하지 않아도 됩니다.

"너는 왜 맨날 걔하고만 노니? 다른 친구는 없어?"

이런 말로 아이에게 압박을 주지 마세요. 지금 어울리고 있는 소수의 친구들과 사이좋게 잘 지내도록 도와주는 것만으로도 충분합니다.

그런데 만약 아이가 친구를 많이 사귀고 싶어서 고민하고 있다면? 아이가 이런 마음을 가지게 된 데에는 두 가지 이유가 있을 수 있습니다.

아들과의 대화법

하나는, 원래는 적은 친구로 만족하던 아이인데 "너 너무 소극적인 거 아니니?" 하는 주위의 말에 '내가 잘못된 건가?' 하고 자책하는 경우입니다. 이런 경우라면 아이가 자신의 성향을 긍정하도록 다독여 주면 됩니다.

"꼭 친구가 많아야 하는 건 아니야. 양보다 질이라는 말도 있잖아. 너는 좀 더 우정의 질에 집중하는 성향인가 보다. 지금 있는 친구들하고 잘 지내는 데 더 집중해 봐."

다른 하나는, 친구를 많이 사귀는 것을 좋아하지만 또래 아이들을 대하는 '관계의 기술'을 잘 모르는 경우입니다. 관계의 기술은 곧 대화입니다. 상대에 맞추어 즐겁고 편안하게 대화해야 친구를 사귈 수 있는데 그런 점이 부족한 것이지요.

친구가 별로 없던 제 아들은 고학년이 되면서 친구가 많아지기 시작했습니다. 전에는 친구라고 해 보았자 몇 명 안 되니까 제가 그 친구들에 대해 시시콜콜 알았는데, 그때부터는 제가 아들 친구들 이름이 헷갈릴 정도였습니다.

제 아이가 어떻게 해서 친구가 많아졌나 봤더니, 다름 아닌 저를 참고로 삼았다고 하더군요. "우리 엄마가 상담사거든. 내가 상담사 아들답게 잘 들어줄게. 고민이 있으면 한번 말해 봐"라며 주위 아이들을 상담해 주었다고 합니다. 성적이나 이성친구 문제로 제법 진지한 고민을 털어놓는 아이들도 있고, "야, 이번 주말에 뭘 하고 놀지 모르겠다"라며 장난스러운 고민을 던지는 아이들도 있었답니다.

반응이 너무 좋아서 친구들이 몰리자, 아이는 한 번 상담을 해줄 때마다 대가를 받겠다고 선언했습니다. 초등학교 3학년 때 그 대가는 50원이었지요. 그래서 '50원 상담소'라는 이름이 붙었다지 뭐예요. 그 당시 아이 방에 들어가 보면 항상 50원짜리 몇 개가 책상 위며 가방 속이며 여기저기서 뒹굴고 있었습니다.

상담이라는 게 곧 '좋은 대화'를 나누는 거잖아요. 제 아이는 엄마를 따라 한 덕분이라고 표현했습니다만, 그 비결의 본질은 공감 대화에 있었습니다. 주위 아이들과 대화를 잘 나눈 덕분에 문제를 해결해 주어서 친구가 많아진 셈입니다.

그런데 주위 아이들과 대화를 잘 나누는 방법은 따로 배울 수 있는 성질의 것이 아닙니다. 엄마가 한두 마디 조언을 건네는 것으로 얻는 것도 아닙니다. 평소 엄마와 아이의 대화가 원활하고 풍성해야 합니다. 엄마와 대화를 잘하는 아이가 다른 아이들과도 대화를 잘합니다.

이번에는 제 아이가 아니라 제 자신을 예로 들어 볼게요. 제가 어릴 적, 부모님은 무척 사이가 좋지 않았고 집안 분위기는 늘 어두웠습니다. 저는 부모님 중 누구와도 대화를 별로 하지 않았어요. 주로 일방적인 훈계를 들을 뿐이었지요. 누군가와 대화를 한다는 것이 불편했던 저는 항상 주눅이 들어 친구를 잘 사귀지 못했어요. 그렇게 왕따, 외톨이로 학창 시절을 보낸 저는 몇 년 후 사회생활을 하면서 자존감이 올라가게 되었습니다. 그러고 나니 '나중에 나는 내 아이하고 대화를 잘하는 엄마가 되어야지'라는 결심이 들더군요.

다시 강조드리는데, 친구가 적다는 것 자체를 문제 삼으실 필요는 없습니다. 엄마와 대화를 잘하면서도 친구가 적은 아이들도 많아요. 아이가 사교적인 성향이든 아니든, 엄마와의 건강한 대화에 문제가 없다면 그 아이는 중심이 잘 잡혀 있는 것이니 너무 걱정하지 않으셔도 됩니다.

17

선생님 때문에
속상해하는 아들에게

"선생님(어른)도 실수할 수 있어. 엄마도 그렇거든."

아이를 학교에 입학시키며 엄마는 '우리 아이가 좋은 선생님을 만나야 할 텐데' 하고 바랍니다. 아이가 선생님을 잘 따르기를, 선생님과의 관계가 원만하기를 바라지요. 그만큼 선생님이란 존재는 아이에게 큰 영향을 끼칩니다.

하지만 이건 꼭 엄마 마음대로 되지 않는 부분이기도 하지요. 물론 좋은 선생님들이 너무나 많습니다. 하지만 선생님도 인간인지라, 아무리 아이들을 한 명 한 명 세심하게 신경 쓴다 해도 모든 아이와 완벽하게 잘 맞기는 힘들거든요. 한 가족인 엄마와 아이도 서로 안 맞는 부분이 있는데 선생님이야 당연히 그렇지 않겠습니까.

제 아이는 1학년 때 만난 첫 담임 선생님과 그렇게 잘 맞는 편이 아니었어요. 제가 집으로 돌아오는 길에 아이가 놀이터에서 혼자 울고 있는 것을 본 적도 있습니다. 어떻게 된 일이었는지는 여기서 자세히 밝히지 않을게요. 자칫 선생님 개인에 대한 험담을 하는 것으로 비쳐질까 걱정되어서요. 당시에 아이의 이야기를 전해 듣고 제가 했던 생각만 간단히 말씀드리자면 '아이가 빨리 집에 가고 싶은 마음에 서두른 것뿐인데, 선생님이 너무 과한 반응을 보인 게 아닌가' 하는 것이었습니다.

저는 일단 아이의 마음을 다독여 주었습니다.

"집에 빨리 오고 싶어서 그랬어? 엄마도 집에 빨리 오고 싶었는데 너도 그랬구나. 그런데 선생님이 그렇게 말씀하시니까 너무 놀랐겠네. 많이 속상했겠다."

그런 다음에 선생님에 대한 지적은 하되, 비난은 하지 않았습니다. 한편으로는 선생님 입장에서도 설명해 주었습니다.

"선생님이 널 이해해 주셨으면 좋았을 텐데. 네가 다른 애들을 불편하게 한 것도 아니고, 그저 너 혼자 조금 서둘렀던 것뿐이었으니까. 그런데 어쩌면 선생님도 당황해서 그러신 것일 수도 있어. 네가 벌써 나가려고 한다고 오해하신 건지도 몰라. 그래도 우리 아들 속상했겠다. 엄마가 대신 선생님께 여쭈어볼게."

그러고 며칠 후 제가 선생님을 따로 찾아뵈었습니다. 아이가 아직 어리기에, 선생님에게 해명하는 역할은 엄마인 제가 맡는 게 낫겠다고 생각했거든요. 이때도 역시 비난이나 원망은 하지 않고 '아이의 입장은 이랬다'라는 해명에만 집중했습니다.

첫 담임 선생님과 잘 맞는 편이 아니었던지라, 그 후로도 아이는 선생님이라면 좀 어렵게 생각했습니다. 그러다 4학년 때 아이의 인식을 뒤바꾼 일이 있었습니다.

아이가 시험을 보고 오더니 "4번 말고 1번도 맞는 답 같은데…" 하면서 계속 고개를 갸웃거렸습니다. 아무래도 이상하다 싶었는지 아이는 가지고 있는 전과와 학습지를 샅샅이 뒤졌고, 결국 1번도 맞는 답이라는 근거를 찾아냈습니다.

하지만 아이는 담임 선생님에게 어떻게 말씀드려야 할지 모르겠다며 망설이더군요. 선생님이 자신의 말을 제대로 들어주지 않을까 봐, 오히려 선생님을 무시한다고 화를 낼까 봐 걱정되었나 봅니다. 저는 아이에게 이렇게 말해 주었습니다.

"선생님도 실수할 수 있어. 엄마도 가끔 실수를 저지를 때가 있잖아. 가서 차분하게 잘 설명해 드려. 어른도 아이도 인간이라 실수를 하니, 선생님을 탓하지는 말고 네가 찾은 문제점에 집중해서 말씀드리면 돼."

그다음 날, 아이는 긴장된 마음으로 학교에 갔습니다. 저 역시

아들과의 대화법

어떻게 되었을까 하루 종일 궁금했지요. 집에 돌아온 아이의 표정은 다행히도 무척 밝았습니다. 선생님이 아이의 말을 귀 기울여 듣더니 "네 말이 맞는 것 같구나" 하고는 곧바로 교사회의를 소집했다고 합니다. 그리고 종례 직전에 학교 방송으로 해당 문제는 1번도 답으로 인정한다고 알리면서 "○학년 ○반 상민 어린이가 발견했습니다"라는 말까지 했다고 해요.

아이는 좋아서 싱글벙글하며 방방 뛰었습니다. "엄마, 울 학교 선생님들 모두 진짜 좋은 어른들이야! 세상에 좋은 어른이 참 많구나! 나 무지무지 행복해!" 하고 외치기까지 했습니다.

그동안 현장에서 많은 선생님들을 만났습니다. 수업 외에도 업무량이 많아 힘든 상황인데 공교육에 대한 불신으로 선생님들을 대하는 사회적 시선이 썩 곱지는 않으니, 선생님들의 고충이 이만저만이 아니더군요.

아이가 선생님 때문에 속상해하는 일이 있더라도 아이 앞에서 직접적인 비난은 가급적 자제하는 것이 좋습니다. 매일 선생님을 봐야 하는 아이로서도 그런 상황이 편하지는 않거든요. 정 문제가 있다고 판단된다면 따로 시간을 내어 선생님과 대화를 나누어 보세요. 제가 장담하는데, 아이들을 진심으로 아끼고 수업을 위해 항상 고민하는 좋은 선생님들이 훨씬 많답니다.

18

잘 털어놓지 않는 아들에게

"너, 평소랑 다르네. 무슨 일 있니?"

아이가 유아기일 때는 일거수일투족을 엄마가 알게 됩니다. 하지만 아이가 유치원에 가고 학교에 가면서 아이에게는 엄마가 직접 볼 수 없는 자기 나름의 일상이 생깁니다. 학년이 올라갈수록 그런 일상의 비중은 점점 늘어납니다. 엄마는 아이가 해 주는 말을 통해서만 아이의 생활을 알 수 있습니다. 그래서 엄마들은 아이가 학교에서 돌아왔을 때, 또는 온 가족이 저녁을 먹으러 모였을 때 "오늘은 별일 없었니?" 하고 묻곤 합니다.

아이가 밖에서 있었던 일을 A부터 Z까지 모조리 엄마한테 말할 필요는 없겠지요. 그래도 "오늘은 별일 없었니?"라는 엄마의 질문에는 적어도 그날 가장 기억나는 일, 가장 인상적이었던 일 한두 가지는 말해 줄 거라는 기대가 담겨 있기 마련입니다. 혹시 엄마가 알아야 할 정도로 큰일이라면 당연히 말할 거라는 생각도 포함해서요.

아이가 "별일 없었는데" "똑같지 뭐" 하고 말하면 엄마는 그런가 보다 하고 넘어가는데, 사실 아이에게 무슨 일이 있었음을 나중에야 알게 되는 경우가 종종 있습니다. 뒤늦게 아이가 말해서 알기도 합니다만, 아이 친구의 엄마가 슬쩍 말을 꺼내거나 심지어 선생님에게서 연락이 와서 알게 되기도 하지요. 친구와 싸웠다거나 선생님에게 혼난 정도면 그나마 다행이지만 학교 폭력과 연관된 심각한 일인 경우도 심심치 않게 벌어집니다.

엄마는 '얘가 나한테는 분명히 아무 일도 없다고 했는데' 하는 생각에 혼란스럽기도 하고 아이에게 배신감도 듭니다. 한편으로는 '내가 엄마로서 뭘 놓친 거지' 하고 후회와 죄책감에 빠지기도 하고요.

그런데 사실 아이는 이미 티를 냈을 수 있어요. 그러니 아이의 말을 잘 듣고 무언가 평소와 다른 부분이 있다면 그 부분을 짚어서 아이에게 구체적으로 질문을 해야 합니다. 이는 제가 상담을 하며 많은 아이들에게 썼던 방법입니다. 물론 제 아이에게 썼던 방법이기도 하고요.

가장 흔한 예를 보여 드릴게요. 엄마와 아이 사이에 이런 대화가 오갑니다.

"오늘 학교에서 어땠어?"

"오늘? 아무 일 없었어."

그저 평범한 대답 같지요. 아이가 좀 무뚝뚝하다 싶지만 큰 문제는 없어 보입니다. 그런데 사실 아이들은 대개 '오늘?'이라고 반복해서 말하지 않습니다. 그냥 "아무 일 없었어"라고 말하곤 해요. 그러니까 이 대답은 평소와는 조금 다른 대답인 것입니다. 그래서 저는 이렇게 묻습니다.

"오늘은 아무 일 없었다고? 그럼 어제는? 혹시 무슨 일 있었니?"

그런가 하면 아이들이 대답할 때 미묘하게 멈칫하거나 말을 끌 때도 있습니다.

"응? 어, 어… 아무 일 없었지 뭐."

그 찰나의 순간에, 아이는 무언가 말을 꺼낼까 말까 고민했을 수 있습니다. 또는 어떤 사건을 계속 생각하느라 질문이 금방 귀에 들어오지 않은 것일 수도 있고요. 그러면 저는 이렇게 묻지요.

"아무 일 없었던 게 아닌 것 같은데? 말해 줄 수 있니?"

또 이런 경우도 있습니다. 아이가 대답을 평소보다 빠르게 하고는 얼른 방으로 들어가는 것입니다. 무언가 신경 쓰이거나 화

아들과의 대화법

나는 일이 있었기 때문에 빨리 자기만의 공간에 들어가 안정을 취하고 싶은 심리가 발동했을 수 있습니다. 제 아들이 종종 이랬답니다. 조금 있다가 살그머니 문을 열어 보면 아이는 침대에 누워 잠들어 있었지요. 스트레스를 받으면 잠으로 푸는 타입이거든요. 저는 아들이 잠에서 깨면 물었습니다.

"엄마가 너 보니까 평소랑 다르더라. 무슨 속상한 일 있었니?"

이런 말들을 건네면 제 아이는 물론이고 제가 상담한 아이들도 눈이 동그래지곤 했습니다.

"엄마, 나한테 CCTV라도 달아 놨어?"

"선생님은 점쟁이세요?"

"선생님은 귀가 세 개인가요?"

그 바람에 '귀 3개 선생님'이란 별명도 얻었답니다.

대표적인 몇 가지 사례만 말씀드렸는데요. 핵심은 아이가 하는 말의 단어나 뉘앙스, 그리고 말과 함께하는 행동에서 평소와 다른 점을 포착해 내는 것입니다. 아이를 가장 가까이에서 보는 엄마이기에 이런 점들을 바로 포착해 낼 수도 있지만, 실제로는 오히려 그렇기에 이런 점들을 무심코 넘어가기도 합니다. '등잔 밑이 어둡다'라는 속담대로 말이지요.

저는 직업상 아이들을 많이 상담하다가 이런 촉이 더 발달한 것 같습니다. 보통의 엄마가 전문 상담사만큼 촉을 세우는 것은 무리일 수 있으니 스스로 피곤해질 정도로 애쓰지는 마세요.

그보다는 평소에 아이와 대화를 많이 나누고 아이의 말을 경청해 주는 것이 오히려 진정한 해결 방법일 수 있습니다. 엄마가 들을 준비가 되어 있다면 아이는 결국 말을 꺼내게 됩니다.

19

여자아이들을 괴롭히는 아들에게

"폭력은 그 어떤 말로 변명해도 폭력이야."

유난히 여자아이들에게 짓궂게 구는 남자아이들이 있습니다. 머리카락을 잡아당긴다든가, 인형놀이에 훼방을 놓는다든가 하는 것입니다.

먼저 분명히 짚고 넘어가야 할 부분이 있습니다. 남자아이들의 이런 짓궂음에 대해 어른들은 흔히 "그 여자애를 좋아하나 보네" "친해지고 싶어서 그러는 거지" 하고 대수롭지 않게 반응하곤 했습니다. 혹시 이 글을 읽는 여러분도 그렇게 생각하신다면 분명히 말씀드립니다. 이것은 엄연히 괴롭힘이며 폭력입니다.

아이가 왜 이런 행동을 보이는지 그 이유를 파악하는 것이 우선입니다. 이유는 크게 네 가지 정도로 나눌 수 있습니다.

첫째, 특정 여자아이를 유독 싫어하는 경우입니다. 그 여자아이의 어떤 부분이 못마땅한 것입니다.

둘째, 상대 여자아이가 먼저 괴롭혔거나 폭력을 가한 경우입니다. 놀렸을 수도 있고 때렸을 수도 있어요. 충분히 가능한 일입니다. 남자아이라고 해서 무조건적으로 가해자이기만 한 것은 아닙니다.

이 두 경우는 성별보다 기질이나 성향이 영향을 미쳤을 가능성이 큽니다. '남자아이가 여자아이를 괴롭힌다'보다도 '아이가 친구를 괴롭힌다'로 보는 편이 더 맞지요.

물론 그렇다고 해서 흔한 아이들 다툼으로 가벼이 넘겨도 된다는 의미는 결코 아닙니다. 폭력에 대해 분명한 원칙을 세워 주어야 합니다. 그 원칙이란 다름 아닌, 폭력은 어떤 경우에도 안된다는 것이지요. 아이의 감정 자체는 감싸 주면서도 폭력이 아닌 다른 방법이 있다는 것을 제시해 주면 됩니다.

"친구가 맘에 안 든다고 그렇게 괴롭히면 안 돼. 친구가 싫어질 때는 엄마한테 솔직하게 말해 줘. 어떻게 하면 좋을지 엄마랑 같이 얘기해 보자."

"그 애가 너한테 먼저 그렇게 해서 속상했다는 거 엄마도 충분히 이해돼. 하지만 그렇다고 너도 같은 행동을 하면 안 돼. 그러면 너도 똑같이 잘못하는 게 되는 거야. 그러는 대신 선생님한테 도와달라고 말해 보면 어떨까?"

네 가지 이유 중에서 먼저 두 가지를 살펴보았습니다. 그렇다면 다른 두 가지 이유는 무엇일까요?

셋째, 자신의 힘을 과시하고자 하는 경우입니다. 힘을 과시하려면 자신보다 약한 상대를 대상으로 삼아야 하는데 그렇다 보니 여자아이들이 타깃이 되는 것입니다.

넷째, 어른들로부터 관심을 얻고자 하는 경우입니다. 아마 전에도 여자아이들을 괴롭혔다가 어른들의 관심을 얻은 적이 있을 겁니다. 하지만 그 관심이라는 것이 진지한 상담이나 교육이 아니라 가벼운 타박 정도에 그쳤겠지요.

이 두 경우는 동시에 나타날 때도 많습니다. 첫째와 둘째 경우도 엄마로서 심각하게 접근해야 합니다만, 셋째와 넷째 경우는 그 심각함의 정도를 한 단계 높이셔야 합니다. 이 경우 아이의 자존감 발달에 문제가 있을 가능성이 크거든요. 자존감이 낮기에 애써 자신의 힘을 과시하려는 것이고, 무리해서 어른들의 관심을 부르려는 것입니다.

저는 그동안 상담 과정에서 남자 친구의 지속적인 괴롭힘에 시달리는 여자 청소년들, 여자 친구를 괴롭히는 데 집착하는 남자 청소년들을 많이 만났습니다. 이때의 괴롭힘은 단순히 머리카락 잡아당기기 수준이 아닙니다. 폭언, 협박, 스토킹, 그리고 폭행까지, 주어를 빼고 들으면 고작 십대인 아이가 했다고 믿기지 않을 수준의 행동들입니다.

이런 상황에서 남자 청소년들이 열에 여덟아홉은 하는 말이 무엇인지 아세요? 바로 "쟤가 나를 무시해서 그랬다"입니다. 이 말은 성인들 사이에서 벌어지는 데이트 폭력, 가족 폭력에서도 자주 나옵니다.

여성이 자신에게 순종하지 않는 것이나 자신을 거절하는 것을 '무시'로 해석하는 생각, 자신을 무시한 여성은 폭력이라는 벌을 받아 마땅하다고 여기는 생각은 그 남성의 자존감이 지극히 낮음을 가리킵니다. 자존감이 낮은 남성일수록 동물을 학대하고 여성을 비하하며 여성 위에 군림하려 하는데, 여성이 자신의 뜻대로 하지 않으면 폭력으로 다루려 하는 것입니다.

글이 점점 심각한 방향으로 흘러가서 의아하신 분들이 있을 것 같습니다. "그래도 아직 아이들인데 극단적인 폭력을 예로 드는 건 너무 비약이 아닌가" 하는 의문이 드실 수도 있습니다.

저 역시 아들과의 대화법을 다루는 책에서 이런 경우까지 말씀드려야 하나 고민이 되었습니다. 하지만 그만큼 심각성을 전하는 것이 중요하다고 판단했습니다. 여자아이들을 괴롭히는 상황을 방치한다면 십 년 후 우리 아이도 그런 폭력적인 모습이 되지 않으리라 어떻게 장담하겠습니까.

그렇다면 아이가 자신의 힘을 과시하기 위해, 어른들의 관심을 사기 위해 여자아이들을 괴롭히는 상황에서 엄마는 아이와 어떤 대화를 나누어야 할까요? 그런데 솔직한 의견을 밝히자면, 엄마들에게 이러저러하게 대화를 나누라고 말씀드리는 것 자체가 조심스럽습니다. 엄마와의 대화도 물론 아이에게 중요하지만 대화만으로는 부족할 수 있거든요. 빨리 전문가와의 상담과 심리 치료가 필요할 수 있습니다.

중학교 상담교사였을 때 일입니다. 옆 초등학교에서 아이들이 등교하다 지속적으로 연못의 잉어가 3등분 되어 잔인하게 죽어 있는 걸 목격하는 사건이 일어났습니다. 학교에서 범인을 잡기 위해 CCTV를 설치하였더니 범인이 중학교 남학생으로 밝혀졌습니다. 학교에서 징계위원회를 열어 저도 참가했습니다. 그때 그 남학생의 어머니께서는 오히려 큰소리를 쳤습니다.

"잉어, 얼마면 되는데? 내가 그 돈 내면 되지 뭘! 내 아들 정신병자 취급하지 말라고! 큰일도 아닌데 왜 오라 가라야!" 아마 그 아이는 이번 사건을 일으키기 전에도 다른 곳에서 폭력적인 행동을 했던 것 같습니다. 그때 빨리 치료를 했더라면 좋았을걸. 어머니의 잘못된 사랑으로 아들의 병이 깊어진 것을 보고 마음이 아팠습니다.

그런 일이 발생하지 않도록 하기 위해 대화에 대한 전반적인 가이드를 드려야겠지요?

앞에서 설명드렸던 대로 폭력에 대한 원칙을 알려 주세요. 그리고 아이의 자존감을 북돋워 주세요. 이미 그 존재 자체로 소중하기에 굳이 누군가를 괴롭힐 필요가 없음을 아이가 느끼게 해 주세요. 자존감이 강한 아이는 자신에게 충실할 것이고 여자아이들을 포함해 약한 사람들도 존중할 것입니다.

마지막으로 다시 한 번 당부드릴게요. 지금까지 알려 드린 이런 대화를 나누기 위해서는 먼저 엄마가 폭력을 폭력으로 인식하셔야 합니다. 때로 아이에게 관대해져야 할 때도 있지만 아이의 폭력만큼은 애정 표현이나 관심으로 순화하지 말고 분명하게 폭력으로 바라보았으면 합니다.

아들과의 대화법

20

좋아하는 여자아이가 생긴 아들에게

"엄마가 좋은 연애 상담사가 되어 줄게."

아이들의 연애 감정은 빠른 경우 유치원이나 어린이집에서 이미 시작되곤 합니다. 초등학교에서는 아예 연애까지 하는 아이들도 많습니다.

지금 이 글을 읽는 분들은 몇 살 때쯤 첫 연애를 시작하셨나요? 아마도 대부분은 성인이 되어서, 빨라도 중·고등학생 때이실 거예요. 초등학교 때 누군가를 좋아하긴 했어도 연애까지 간 분들은 많지 않았을 겁니다. 그래서 초등학생밖에 안 된 내 아들이 연애를 한다는 것에 많은 엄마들이 "아니, 애가 벌써…?" 하고 의아하다는 반응을 보입니다.

하지만 지레 걱정하지는 마세요. 초등학생들의 연애를 성인의 연애와 동급으로 보실 필요는 없습니다. 초등학생에게 이성 친구란 좀 더 특별한 친구에 가까운 개념입니다.

그렇다고 아이의 연애를 그저 방치하라는 말씀은 아닙니다. 그 나이 또래의 연애는 관계에 대해 학습할 수 있는 좋은 기회입니다. 아이는 연애를 통해 상대를 존중하는 방법, 상대와의 갈등을 풀어나가는 방법을 고민하고 배워 나가게 됩니다.

이때 중요한 전제 조건이 있습니다. 아이의 연애가 비밀스러운 것이 아니라 공개적인 것이 되게 하는 것입니다.

아이가 연애 관계에서 어떻게 행동하는지 모른다면, 아예 아이가 연애 중인 사실조차 모른다면 엄마가 가르쳐 주고 도와줄 것은 아무것도 없지 않겠습니까. 아이가 엄마에게 자신의 연애를 마음 편하게 이야기할 수 있어야 합니다. 특히 연애 관계에서 고민이 생겼을 때 누구보다 먼저 여자인 엄마와 편하게 상담할 수 있어야 합니다.

아이가 "나 ○○이가 좋은데" 하고 말을 꺼내면 잘 들어주세요. 호들갑 떨지 말고, 대충 흘려듣지도 말고, 잘 귀 기울여 주시면 됩니다.

그러면서 자연스럽게 질문을 던져서 상대는 어떤 아이인지, 왜 좋아하는지, 오늘 무슨 일이 있었는지, 우리 아들은 그 아이에게 어떤 행동을 하고 있는지 알아보세요.

"그 애도 네가 좋아하는 거 알아? 자기도 너를 좋아한대?"

"너는 그 애한테 뭐라고 말했어?"

"네가 해 주고 싶은 거 있니?"

아이의 상황은 다양할 수 있어요. 연애 감정을 가지고는 있지만 연애는 스스로 부담스러워할 수도 있고, 적극적으로 연애 관계를 시작하고자 할 수도 있지요. 이미 상대 아이와 마음이 맞아서 연애 관계에 들어갔을 수도 있고요. 아이가 엄마에게 말을 꺼낸 것이 그저 감사할 따름입니다. 연애의 사적인 감정을 엄마와 공유한다는 것은 엄마를 진짜 믿을 수 있는 응원자라고 여기는 것이니까요. 또한 내 감정을 알아주기를 바라기 때문일 수도 있고, 무언가 조언을 바라기 때문일 수도 있습니다.

엄마가 너무 앞서가지 말고 아이의 상황에 맞추어 대화를 나누세요. 이때 아들에게 반드시 알려 주어야 할 것은 상대의 마음을 상호존중해야 한다는 것입니다. 연애 관계에서 가장 중요한 기본 예절이자 연애의 핵심 원칙이지요.

그동안 우리 사회는 남성은 여성에게 적극적으로 구애하는 존재로, 여성은 그런 남성의 구애를 받아들이는 존재로 인식해 왔습니다. 그런 성고정관념이 강하다 보니 '열 번 찍어 안 넘어가는 나무 없다'라는 식으로 여성의 의사를 무시한 남성의 일방적인 구애가 정당화되기 일쑤였어요. 또 연애 관계에서 남성이 주도적으로 결정하고 밀어붙여야 하는 것이 '남자다움'으로 포장되곤 했지요. 하지만 이제는 시대가 달라졌잖아요. 이런 것들이 이제 권장되어서는 안 됩니다. 심하면 데이트 폭력이 되기도 합니다. 그래서 최근 ○○시장의 죽음과 더불어 성인지감수성이 큰 이슈가 되기도 했답니다.

만약 아이가 혼자만 상대를 좋아하고 있다고 해도 바로 말려야 하는 것은 아닙니다. 어떻게 하면 상대의 마음을 열 수 있을지 함께 고민해 주셔도 좋습니다. 하지만 상대가 계속해서 아무 반응이 없거나 거부 의사를 분명히 밝혔는데도 아이가 포기하지 않으려 한다면, 이것은 아이가 연애의 기본 예절을 모르고 있다는 위험신호입니다. 이때는 엄마가 아이를 지도해 주셔야 합니다. 최근 안전이별이라는 신조어도 나왔는데요. 여성이 남성에게 이별을 요구한 이후 스토킹이나 협박, 폭행 등을 경험하지 않고 무탈하게 헤어지는 것을 의미합니다. 이런 신조어가 나올 정도로 많은 남성들이 연애의 기본 예절을 배우지 못한 채 성인이 되고 있습니다.

저는 아들에게 이렇게 강조하곤 했지요.

"좋아하는 사람의 마음을 잘 알아야 해. 네 마음대로 하려고 하면 그건 진짜로 좋아하는 게 아니야. 그 사람 마음을 존중해야 진짜로 좋아하는 거지."

또 한 가지 알려 주어야 할 점은 연애 관계에서 갈등이 생겼을 때 대처하는 방법입니다. 아무리 서로 좋아서 시작한 연애 관계라 해도 갈등을 피할 수는 없지요. 어릴수록 연애에 대한 환상이나 기대는 높은데 현실은 다르다 보니 연애 관계에서 금세 실망하고 쉽게 토라지게 됩니다.

갈등이 생겼을 때도 기본은 상대를 존중하는 것입니다. 그래야 갈등 상황을 원만하게 풀어 갈 수 있어요. 이것이 꼭 연애 관계의 지속을 의미하지는 않습니다. 서로 존중하지 못하는 연애 관계라면 오히려 빨리 멈추는 게 낫지요.

그래서 저는 아들에게 갈등 상황에서 상대의 태도, 가치관, 성격, 성향을 잘 살펴보라고 당부하곤 했습니다. 사람은 싸울 때 본심이 나오니까 그 본심을 잘 보라고 알려 주었지요.

그간 아들의 연애 상담을 죽 맡아 온 제가 자신 있게 말씀드립니다. 아이의 연애는 아이와 엄마의 사이를 더 가깝게 만들어 준답니다. 앞서 말씀드린 대로, 엄마가 아이에게 좋은 연애 상담사가 되어 준다면 말이지요.

제 아이가 일곱 살 때의 일입니다. 유치원 같은 반에 좋아하는 여자아이가 생겼어요. 아이가 저를 붙잡고 "엄마, 나 저 애랑 친해지고 싶은데 심장이 너무 떨려서 아무 말도 못 하겠어. 어떡하지?" 하는 것입니다. 그래서 도움을 요청한 아들을 위해 제가 살짝 나섰지요. 어느 비 오는 날, 우산을 두 개 가져갔습니다. 제 아이가 유치원 문 앞에서 기다리고 있는데 마침 그 여자아이도 근처에 서 있기에 제가 말을 건넸습니다.

"너 우산이 없구나. 아줌마는 상민이 엄만데 오늘 너희 엄마는 못 오시니? 그럼 아줌마는 혼자 쓰면 되니까 이 우산을 너희 둘이 쓸래?" 제 아이는 좋아하는 여자아이와 함께 우산을 쓴 덕분에 조잘조잘 이야기를 나눌 수 있었습니다. 집에 온 아이는 저를 꼭 안으며 말했습니다.

"엄마, 너무 고마워! 우리 엄마 최고야! 이제 엄마 말은 뭐든지 다 들을 거야!"

아들과의 대화법

21

반항이 시작된 아들에게

"우리, 건강하게 잘 싸우기 위한 대화를 나누자."

아이가 네 살쯤 되면 고집을 부리고 청개구리처럼 말을 안 듣는다고 해서 '미운 네 살'이라는 말도 있습니다만, 그래도 아이들의 진정한 반항은 사춘기를 맞이하며 시작되지요. 엄마가 뭐라 한마디만 해도 아이는 마구 짜증을 내며 반항을 합니다.

제 아들은 다섯 살, 열한 살, 열네 살, 열여섯 살, 열아홉 살 때 반항을 한 듯합니다. 여러분의 아들은 어땠나요?

특히 사춘기 때 남자아이들이 이렇게 변하는 것은 호르몬의 변화로 인해 감정 기복이 심해지는 것이 가장 큰 원인입니다. 하지만 그렇다고 호르몬 탓으로만 돌리기에는, 아이들도 나름의 논리적이고 정당한 이유를 가지고 있습니다. 그전에는 잘 몰랐거나, 알아도 그냥 넘겼던 어른들의 '부조리'를 이제는 참을 수 없다는 것이지요. 물론 이 부조리라는 게 어른들의 눈으로 보면 어이없는 수준일 때도 많지만 말입니다.

엄마들의 반응은 크게 두 가지로 나뉩니다. 하나는, 아이가 반항하면 소리 높여 싸우는 것입니다. 다른 하나는, 아이와 소리를 높이기 싫어 아이가 반항해도 그냥 내버려 두는 것입니다. 어느 쪽이든 간에 엄마는 속상하고 피곤합니다. 그래서 많은 엄마들이 제게 "어떻게 대화를 해야 아이가 성질을 좀 죽이고 제 말을 잘 듣게 될까요?"라고 물으셨습니다.

하지만 저는 사춘기 아이가 반항하지 않게 하는 대화, 아이의 반항을 멈추게 하는 대화는 알지 못합니다. 그런 대화는 없다고 생각해요.

대신 저는 이런 조언을 드립니다. "아이와 잘 싸우기 위한 대화를 나누세요"라고요. 주눅들지 않고 자신이 원하는 것을 목소리 내 말하라는 말입니다. 내 목소리를 내야 상대방이 알지요.

아이와 소리 높여 싸우는 것은 잘 싸우는 것이 아닙니다. 소리가 높아졌다는 것은 서로 감정적으로 지나치게 흥분했기 때문이거든요. 이런 상태에서는 본심과 달리 정제되지 않은 거친 말이 나오고 아이와 엄마 모두의 마음에 생채기를 남깁니다. 싸움의

후유증이 큽니다.

그냥 내버려 두는 것은 아예 싸움 자체를 회피한 셈이니 당연히 잘 싸우는 것이 아닙니다. 당장은 집 안이 조용하니 괜찮을 수 있습니다. 사춘기 자체도 어찌어찌 지나갈 수도 있습니다. 하지만 갈등이 있을 때 싸움을 회피하는 것은 잘 싸우는 법을 익힐 좋은 기회를 아이로부터 빼앗는 것이나 다름없습니다.

반항하는 아이와 잘 싸우기 위한 대화는 어떻게 해야 할까요? 크게 네 가지가 중요합니다.

첫째, 일단 엄마가 흥분을 가라앉히고 이야기하세요. 아이가 감정적으로 격해져 있다고 해서 엄마까지 같이 격해지면 안 됩니다. '싸움' 하면 당연히 소리 지르는 것을 떠올리는 분들이 있는데요. 잘 싸우기는 기본적으로 차분한 상태에서 이루어져야 합니다. 물론 흥분을 가라앉히는 것이 쉽지는 않아요. 하지만 어른이자 이미 예전에 사춘기를 지나온 엄마가 먼저 흥분을 가라앉혀야 하지 않겠습니까? 그래야 아이도 흥분을 가라앉힐 수 있습니다.

특정 장소나 시간을 규칙으로 정해 두는 것도 좋습니다. "이 테이블에 엄마랑 앉아서 대화할 때는 서로 흥분하지 않고 차분하게 말하기로 하자"라는 식으로요.

둘째, 싸움에 들어가기에 앞서 이 싸움을 하는 것은 기본적으로 '잘 싸우기 위한 것'임을 분명히 해두세요. 싸움의 목적을 아이와 공유하는 것입니다. 저는 제 아이에게 이렇게 말했습니다.

"너랑 엄마랑 이제부터 싸울 건데, 이건 우리 둘 다 행복해지기 위해, 서로 사이좋게 지내기 위해 싸우는 거야. 누구 한쪽이 이기거나 상처 주려고 하는 게 절대 아니야. 알겠지?"

셋째, '너 때문에' '네 탓' '네 잘못' 대신 '네 문제'라는 표현을 쓰세요. 아이가 이런 표현을 쓴다면 엄마가 수정해서 다시 말해 주세요. 저와 아이 사이에 오갔던 대화 사례를 보여 드릴게요.

"엄마가 나 늦게 깨웠잖아. 엄마 때문에 지각한 거야."

"그러니까 네가 늦게 일어나서 지각한 게 엄마 문제라는 거지? 하지만 엄마는 그게 엄마 문제라고 생각하지 않아. 그건 네 문제야. 네가 알아서 해야 할 일이니까."

처음에 흥분을 가라앉혔더라도 '엄마 때문이잖아' '네가 잘못해 놓고는' 하는 대화가 오가다 보면 다시 감정적으로 격해질 수 있어요. 하지만 '문제'라는 표현은 감정적인 비난이 아니라 이성적인 비판이라는 느낌을 주기에, 이 싸움의 목적이 흔들리는 것을 막아 줍니다.

아들과의 대화법

넷째, 싸움은 그날 안에 끝내세요. 중간에 적당히 마무리하지도 말고, 다음 날로 이어지게 하지도 마세요. 어느 한쪽이든 찜찜함이 남은 상태에서는 좋은 싸움을 했다고 할 수 없습니다.

싸움이 몇 시간이고 끝나지 않아 급기야 잠잘 시간이 될 정도로 길어져 버리면 어떡하냐고요? 그래서 저는 싸움에 앞서 이렇게 말해 두곤 했습니다.

"너랑 엄마랑 지금 싸우는 건 꼭 오늘 안에 끝내자. 그러니까 네가 하고 싶은 말은 다 해. 엄마도 엄마가 하고 싶은 말은 다 할 거야."

처음에는 이렇게 싸우는 것에 아이는 물론이거니와 엄마 자신도 서툴 수 있습니다. 하지만 뭐든지 하다 보면 느는 법입니다. 어차피 사춘기를 맞아 반항을 시작한 아이와의 싸움이 한두 번으로 그칠 리 없잖아요? 자꾸 하다 보면 엄마도 아이도 각자 강하게 원하는 것을 알아차리면서 서로 관계 회복 싸움에 익숙해집니다.

당부의 말씀을 하나 드리자면, 아이의 반항 자체를 너무 속상하게 생각하지 마세요. "배신감이 느껴져요"라고 토로하시던 엄마도 있었는데요. 달리 생각하면 아이가 그렇게 반항을 하고 있다는 것은 나름대로 성장 과정을 잘 통과하고 있다는 증거랍니다. 그러니 마음을 가라앉히고 차분히 아이와의 관계 회복 싸움에 임해 주세요.

293

22

혐오표현을 하는 아들에게

"엄마부터 그런 표현은 절대 쓰지 않을게."

혐오표현이라는 단어를 들어 보셨나요? 증오 발언, 헤이트 스피치hate speech라고도 하지요. 특정 집단에 대해 편견과 폭력을 부추기는 표현을 일컫는데요. 주로 여성, 장애인, 흑인, 이주 노동자 등 사회 소수자들을 대상으로 이루어집니다.

최근 들어 뉴스에서 혐오표현에 대한 문제 제기가 종종 등장합니다. 우리나라의 인권감수성이 과거보다 높아지면서 혐오표현도 주요한 사회 문제로 떠오른 것입니다. 예를 들어 예전에는 방송에서 아무렇지 않게 '깜둥이'라는 말을 썼잖아요. 흑인에 대한 인종 차별의 의미를 담은 엄연한 혐오표현인데도 말입니다.

제가 앞에서 아이가 욕설을 쓰는 경우를 말씀드렸지요. 욕설도 좋지는 않지만 혐오표현은 욕설과는 아예 차원이 다릅니다. 욕설이 예절의 문제라면 혐오표현은 윤리의 문제에 속해요. 한 인간이 다른 인간에게 어떤 경우에도 해서는 안 될 말이 혐오표현이지요. 혐오표현은 혐오범죄로까지 이어집니다.

앞으로는 혐오표현도 법의 문제가 될 수 있습니다. 선진국에서는 혐오표현을 하는 것을 범죄로 규정하고 실제로 처벌하는 추세거든요. 저는 언젠가 우리나라에서도 혐오표현을 처벌하는 법이 만들어질 거라고 생각합니다. 적어도 우리 아이들이 성인이 되어 활발히 활동할 때쯤에는 말이지요.

저는 제 아이가 혐오표현을 절대로 입에 올리지 않도록 정말 신경을 많이 썼습니다. 그리고 단순히 언어교육에서 머물지 않고 다른 사람에 대한 존중교육, 인권교육, 평등교육까지 따로 공부를 했답니다.

안타깝게도 우리 사회에 가장 널리 퍼진 혐오표현이 바로 여성을 향한 것입니다. 아이들이 어려서부터 주위 어른들로부터 '여자애가 무슨…' '사내 녀석이…' 등등 여성과 남성을 가르고 여성을 비하하는 말들을 많이 듣다 보니 여성을 향한 혐오표현에 익숙해졌습니다. 엄마가 먼저 이런 말들을 쓰지 않도록 조심해야 합니다.

미디어 교육을 적극적으로 이용하시는 것도 좋습니다. 저는 아이에게 성평등감수성을 심어 주기 위해 애니메이션 〈슈렉〉 시리즈를 자주 같이 보았습니다. 〈슈렉〉에는 기존의 예쁘고 수동적인 공주 캐릭터와는 정반대에 있는 피오나 공주가 등장하기 때문에 성평등감수성에 대해 엄마와 아이가 이야기를 나누기에 안성맞춤입니다.

"공주가 겉모습이 변했을 때 주위 사람들 반응을 보니 어떤 생각이 들어?"

"네가 다른 책에서 봤던 공주랑 어떤 면이 다른 것 같니?"

꼭 성평등을 주제로 한 작품이 아니라도, 심지어 성차별을 담은 작품이라 해도 미디어 교육이 가능하답니다. 대신 이런 작품의 경우 엄마가 문제점을 짚어 주면서 아이도 다시 생각해 보게 하는 대화를 나누어야 합니다.

엄마가 사회 소수자들을 위해 목소리를 높이거나 무언가 활동하는 모습을 보여 주는 것도 무척 효과적이지요. 아무래도 저는 직업상 성교육 강연을 자주 하다 보니 아이가 그런 저를 보며 많이 배우기도 했습니다. 또 아이를 데리고 장애인 시설에 봉사 활동도 갔습니다. 물론 아이도 직접 봉사에 적극적으로 참여했지요.

아이는 또래 집단에서 혐오표현을 배우기도 합니다. 특히 남자아이들 사이에서는 여성에 대한 혐오표현이 결속력을 다지는 수단으로 이용될 때가 자주 있습니다. 그렇기에 더더욱 먼저 가정 안에서 아이가 혐오표현에 대한 인식을 제대로 갖추도록 해 주어야 합니다. 혐오표현에 대해 스스로 중심이 잡힌 아이는 외부의 자극에 흔들리지 않습니다.

제 아이가 중학교 1학년 때 반장선거에 나가며 '모두 다 사랑하리라' 하는 슬로건을 내걸었습니다. 그랬더니 같은 반 남자아이들이 "장애인도 사랑하라는 거야? 그럼 쟤한테도 뽀뽀할 수 있겠네. 어디 한번 해 봐"라며 키득거렸다고 해요. 남자아이들이 가리킨 아이는 장애를 가진 여학생이었습니다. 여성혐오와 장애인혐오를 모두 담은 말이었던 셈이지요.

그때 제 아들이 한 대답은 이것이었습니다.

"여자든 남자든, 장애인이든 비장애인이든, 서로 동의해야 뽀뽀할 수 있는 거야."

시간이 흘러 성인이 된 제 아들은 시에서 주최하는 어느 문화 행사에 갔습니다. 그 행사에서는 장애인들로 이루어진 오케스트라가 공연을 했습니다. 그런데 초등학교 때 같은 반이었던 장애 여학생이 바이올린을 연주하고 있었습니다. 제 아들을 알아본 여학생은 굉장히 반가워하며 이렇게 말했다고 합니다.

"중학교 때 정말 고마웠어. 네가 한 말이 큰 힘이 되었어."

아이가 혐오표현을 쓰지 않도록 하기 위해서는 무엇보다도 아이와 가장 가까운 어른인 엄마부터 혐오표현에 문제의식을 가져야 합니다. 저 자신도 평소 무심코 성차별이나 혐오표현을 쓰지 않을까 여전히 조심조심합니다. 세상을 위해, 내 아들을 위해 우리 엄마들이 먼저 함께 노력하면 좋겠습니다.

23

몽정과 유정을 시작한 아들에게

"어른이 된 너를 위해 존중파티를 열어 줄게."

제가 성교육 책을 내고 나서 많은 분들이 좋은 반응을 주셨는데요. 그분들이 특히 호기심을 보이고 신기해하셨던 내용이 존중파티였습니다. 아들의 첫 사정을 축하하는 파티 말이지요.

동시에, 특히 난감해하고 어려워하셨던 내용 역시 존중파티였습니다. "아들의 사정을 축하하는 파티를 할 생각을 하시다니, 대단하세요. 그런데… 제가 할 수 있을지는 좀 자신이 없네요"라는 말씀을 많이 들었습니다.

이런 반응은 엄마 자신이 사정에 대해 아들과 대화를 나누는 것이 여전히 불편하게 느껴지기 때문입니다. 엄마 스스로 아직 준비가 안 되어 있는 것이지요. 저는 그런 엄마들에게 이렇게 말씀드리고 싶어요.

"아들을 위해서 꼭 엄마가 먼저 준비를 시작하셔야 합니다."

저는 그동안 성교육을 하며 현장에서 수많은 아이들을 만나보았어요. 그러면서 사춘기의 2차 성징으로 나타나는 변화를 어색하게 여기고 창피해하거나 부끄러워하는 모습을 자주 접했습니다. 심하면 자신의 몸을 혐오하기도 하고요.

여자아이들이 좀 더 심하다 보니 언젠가부터 첫 생리를 축하하는 초경파티를 하자는 움직임이 나오기 시작했습니다. 처음에는 "생리했다고 무슨 파티까지?" 하는 반응들이 많았지만 이제는 초경파티가 꽤 정착되었지요.

반면 남자아이들은 그런 의식에 대한 필요성이 제기되지 않는 게 안타깝더라고요. 정도는 조금 덜할 수는 있어도 남자아이들 역시 몸의 변화로 인한 감정의 혼란을 느끼거든요. 첫 사정을 하고서는 "이상한 흰 고름이 나왔어요. 제가 무슨 병에 걸린 걸까요?" 하고 겁을 내는 아이들도 여럿 보았습니다. 그래서 우리 아들부터 먼저 해 보자는 마음으로 존중파티를 연 것입니다.

존중파티의 시작은 제 아들이 초등학교 2학년이었을 때로 거슬러 올라갑니다. 저는 아들에게 사정이 무엇인지, 사정이 어떤 의미를 가지는지 설명해 주었습니다.

아들과의 대화법

"언젠가 몇 년 지나서 사춘기가 되면 음경에서 하얀 액체가 나오게 될 거야. 그걸 사정이라고 해. 잠자다가 하게 될 수도 있는데 그건 몽정이라고 하고 낮에 나오는 것을 유정이라고 해. 둘을 합쳐서 사정이라고 하지. 사정을 하면 네가 남자 어른의 몸이 되어간다는 거야. 언젠가 아빠가 될 수 있다는 거지."

첫 사정을 하게 되었을 때 아이가 바라는 선물을 주겠다는 약속도 했습니다.

"너를 어른으로 인정해 주는 의미로, 네가 가지고 싶어 하는 핸드폰을 사 줄게. 용돈도 올려 줄게."

그리고 이때 존중파티도 예고했습니다.

"네가 어른이 된 것을 축하하는 파티도 열어 줄 거야. 생일파티처럼 케이크도 사서 멋진 파티를 하자."

그날 이후로 제 아들은 생일날을 손꼽아 기다리듯 첫 사정을 하게 될 날을 기다렸습니다. '어른이 된다는 건 좋은 거구나' 하고 2차 성징을 긍정적으로 인식하며 마음의 준비를 해 둔 셈입니다. '내가 어른이 되어 가는 걸 엄마가 지지해 주고 있구나' 하는 믿음을 가지게 된 것은 물론이고요.

몇 년이 지나 마침내 첫 사정을 하게 되자 아이는 신이 나서 저에게 말했습니다. 저는 약속대로 휴대폰도 사 주고 용돈도 올려 주고, 예고했던 존중파티도 열어 주었습니다. 저도 아들도 기뻔 마음으로 함께 박수를 쳤습니다.

존중파티에서 케이크를 앞에 두고 환하게 웃으며 "음경아, 고마워!"라고 말하는 아들 모습을 영상으로 남겨 두었는데, 제 성교육 책이 화제가 되고 나서 방송에서도 그 영상을 소개하게 되었습니다. 아들은 자기 어릴 적 모습이 만천하에 공개되어 창피하다고 장난스럽게 툴툴대곤 합니다. 그러면 저는 "나중에 네 결혼식에서도 그 영상 틀 거다!"라고 대답하지요. 최근 유튜브 손경이tv에도 남겨 두었답니다.

제가 '존중파티는 필수다'라는 의미로 이런 이야기를 들려 드리는 것이 아닙니다. 핵심은 엄마와 남자아이가 2차 성징에 대해 충분히 대화를 나눌 수 있는 분위기, 남자아이가 몸의 변화에 대해 엄마에게 편하게 이야기할 수 있는 분위기를 만들어야 한다는 것이지요.

존중파티 자체는 개인이나 가정의 성향과 상황에 따라 할 수도 있고 안 할 수도 있어요. 하지만 적어도 2차 성징에 대한 대화, 특히 첫 사정에 대해서는 꼭 이야기해 주셔야 해요. 그것도 미리미리 대화를 나누셔야 합니다.

사정은 남성의 2차 성징에서 가장 대표적인 변화잖아요. 사정에 대해 충분히 알고 있어야 아이가 사춘기 자체를 긍정적인 마음으로 맞이할 수 있습니다. 또 사정에 대해 대화를 나눌 수 있다면 다른 변화에 대해서도 얼마든지 자연스럽게 대화를 나눌 수 있습니다.

얼마 전에 모 프로그램에서 배우 강성진 씨가 아들에게 존중 파티를 열어 주는 모습이 나왔습니다. 방송에서는 '몽정파티'라고 표현하더군요. 그 방송에 대해 '신선하다'라며 긍정적인 시청자들도 많았지만 그에 못지않게 '기괴하다'라는 부정적 시청자들도 많았다고 합니다. 그런 거부 반응을 보며 우리 사회가 좀 더 바뀌면 좋겠다는 바람을 가져 봅니다.

더불어 상담하는 엄마분들이 아들의 사춘기 때 사정파티를 놓쳤다고 아쉬워해서 귀띔을 드린다면 군대 가기 전날, 결혼식 전날에 사정파티를 해도 됩니다.

"내일이면 다른 사람의 남편이 되니 오늘은 아들로서 마지막 날이니, 엄마가 사춘기 때 못 해 준 사정파티를 해 줄게. 네가 나의 아들로 태어나서 행복했단다. 이제 너도 어른이 되니, 다시 엄마도 어른, 아들도 어른으로 평등하게 어른답게 대화하며 행복하자꾸나."

아들과의 추억 갤러리

: 여행

여행은 엄마와 아들이 부쩍 친해지는 시간이에요.